하루 10분

표현력과 자신감이
쑥쑥 자라는 집콕 놀이 60

엄마표 한글 놀이

강근영 지음

상상출판

시작하며

엄마와 아이가 모두
행복해지는 세상을 꿈꾸며

아이들에게 동요 〈섬집 아기〉를 불러줄 때마다 마음이 울컥했습니다. 눈물 흘리며 잠든 밤도 많았었지요. 오늘 밤도 수많은 엄마들이 눈물로 지새우고 있지 않을까 생각합니다. 모든 엄마의 바람은 내 아이가 즐겁게 놀면서 건강하게 자라는 것입니다. 모든 아이의 바람은 엄마와 재밌게 노는 것이고요. 이렇게 간단하게 들리는 말이 막상 마음먹고 하려면 어쩜 그렇게 힘들고 어려울까요?

무엇을 하며 놀아야 할지 모르겠고, 어떻게 해야 재밌게 노는 건지 모를 때도 많으시죠. 시간이 있어도 놀아줄 체력이 없거나, 힘은 있어도 놀아줄 방법을 모를 때 드는 막막한 마음. 아이를 키우는 엄마라면 누구나 다 겪어봐서 알고 계실 거라 생각해요. 그럴 때마다 누가 나타나서 몇 분만이라도 도와주면 좋겠다는 생각도 하셨을 겁니다.

각자 다른 개성과 재능을 가진 세 명의 아이들이 어떻게 하면 즐거워하는지 관찰하고, 고민하다가 여러 방법을 시도하게 되었습니다. 그러다 아이들이 '놀이'를 통해 자연스럽게 많은 것을 배운다는 걸 깨달았어요.

오랫동안 논술 강사로 일하면서 수업을 할 때마다 더욱 현실적인 고민을 하게 되었습니다. 아이들이 수업 중에 '안 돼'라는 부정적인 표현을 많이 듣기 때문입니다. '손에 풀이 묻으면 안 돼' '밀가루가 옷에 묻으면 안 돼' '책이 구겨지면 안 돼' '바닥에 떨어뜨리면 안 돼' '선 밖으로 색칠하면 안 돼'와 같은 제한하는 말들을 '그렇게 해도 돼' '이렇게 해도 되네?'로 바꿔 다양한 경험을 하며 자라게 해주고 싶었습니다. 제약에서 벗어나 자유롭게 노는 아이는 어릴 때부터 자신의 도전과 노력을 통한 성취감을 느낄 수 있습니다.

어떤 이야기를 들려드릴 수 있을까 정리하고 생각하다 보니 많은 분들께 도움을 드리고 싶은 간절한 꿈이 생겼습니다. 그리고 드디어 엄마가 아이와 함께 놀 수 있는 유익하고 즐거운 방법들을 책으로 엮게 되었습니다.

이 책에 실린 여러 놀이들은 마음껏 응용하셔도 좋습니다. 아이의 성향과 재능, 환경에 맞춰 개발하다 보면 놀이와 함께 쑥쑥 자라는 아이의 모습을 볼 수 있을 거예요. 엄마와 아이가 놀이를 통해 함께 행복해지길 바라는 기대와 설렘을 안고 이 책을 전합니다. 육아의 최전선에 계신 엄마들과 우리 소중한 아이들에게 선물 같은 책이 될 수 있기를 꿈꿉니다.

강 근 영 드림

목차

PART 2
집중력을 기르는
그리기

PART 3

관찰력이 자라는 만들기

PART 4
창의력이 샘솟는 표현하기

책 사용 방법

36

카드막대 만들기

빨대는 아이들에게 너무나 익숙한 도구지요. 빨대와 종이를 이용해서 카드막대를 만들고 카드를 나열해서 재밌는 문장을 지어보아요. 예상치 못한 재밌는 문장들이 만들어질 거예요!

♥ 준비물 ♥
색상지, 빨대, 테이프, 매직, 컵 3개

놀이 효과 언어능력 ★★★ 소통능력 ★★☆

문장의 구조를 이해하고 문장을 만들면서 언어능력이 쑥쑥 자라요. 단어에 따라 달라지는 문장을 소리 내어 읽으면서 표현력도 같이 늘 수 있어요. 엉뚱한 단어를 껴서 흉내 내며 읽으면 재미가 배가 돼요!

놀이 설명

한글을 쉽고 재밌게 익힐 수 있는 60가지 놀이를 담았습니다. 설명을 읽고 마음에 드는 놀이를 선택해 아이와 즐거운 시간을 가져보세요.

놀이 준비물

집 안에서 손쉽게 구할 수 있는 재료만 준비했습니다. 비싼 교구 없이 쉽고 간편하게 즐길 수 있어요.

놀이 효과&발달 역량

놀이 효과를 상세히 설명하고, 발달 역량을 별점으로 표기했습니다. 이 놀이를 통해 어떤 효과를 볼 수 있는지 한눈에 알 수 있어요.

함께 만들어봐요~

놀이 과정을 단계별로 상세하게 정리했습니다. 천천히 따라가다 보면 어느새 놀이 하나 끝~!

이렇게 대화해보세요~

아이의 대답을 이끌어내는 질문 리스트와 놀이를 수월하게 진행할 수 있는 스크립트를 수록했습니다.

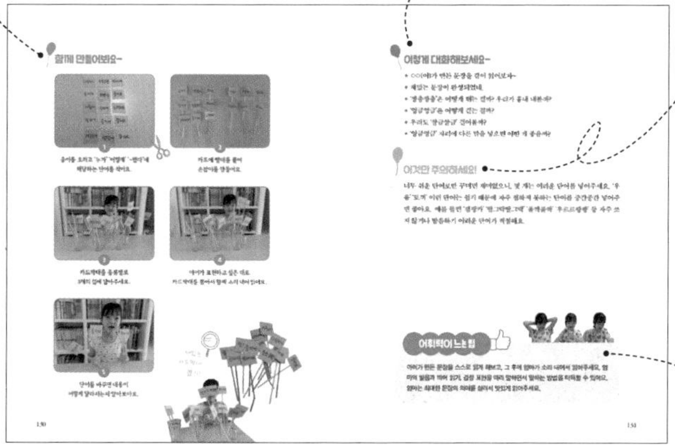

이것만 주의하세요!

자칫하면 아이의 놀이를 방해할 수 있는 행동을 알려줍니다. 부모의 적절한 개입을 통해 아이가 주도적으로 놀 수 있도록 주의해주세요.

업그레이드 팁

해당 놀이의 발달 역량을 극대화하는 활용 방법을 소개합니다.

오늘의 놀이 쿠폰

아이가 하고 싶은 놀이를 오려 제출하도록 해보아요. 사용한 놀이 쿠폰은 보관해두었다가 다시 사용할 수 있어요.

한글놀이 60일의 기적

1. 왜 놀이여야 할까요?

놀이의 영어 표현인 'Play'의 어원은 '갈증'이라는 뜻의 라틴어 '플라가(Plaga)'에서 유래했습니다. 목마를 때 물을 마시듯이 자연스럽게 이뤄지는 것이 놀이의 본질이라는 의미가 담겨 있습니다. '놀이하는 인간'이라는 뜻의 '호모 루덴스'를 소개한 요한 하위징아는 '놀이에서 모든 문화가 시작되었다'고 말했습니다. 사람은 놀이를 통해서 규칙을 알아가고 집중력, 문제해결력, 창의력, 성취감 등을 키웁니다. 우리 아이들이 놀이를 통해 성장해야 할 이유도 여기서 찾을 수 있습니다.

아이들이 초등학교에 들어가기 시작하면서 '진짜 놀이'의 즐거움을 잃어버리는 경우가 많습니다. 아이들은 더 좋은 핸드폰, 더 좋은 게임기에 열광하며 빠르게 발전하는 장치들에 관심을 빼앗깁니다. 어쩔 수 없이 아이에게 핸드폰을 준 이후부터 핸드폰이 원흉이 되어 아이들과 실랑이를 벌입니다. 그래서 저는 아이가 초등학교에 들어가기 전에 엄마와 함께하는 놀이에서 행복을 찾아야 한다고 생각합니다. 현실적으로 자연 속에서 마음껏 뛰어노는 것은 한계가 있기 때문에 집에서 꾸준히 할 수 있는 놀이에서 대안을 찾아야 합니다. 이것은 아이들의 미래가 걸린 일이기도 합니다.

어른들에게도 어른의 삶이 중요하듯 아이들에게도 아이의 삶이 중요합니다. 좋은 놀이를 통해 아이들이 세상을 알아가고, 자신의 의사를 적극적으로 표현하는 것이야말로 올바른 교육으로 가는 지름길입니다. 놀이와 교육은 별개가 아닙니다. 내 아이를 '놀이 천재'로 키워주세요.

2. 놀이를 통해 아이가 느끼는 '감정'이 중요해요

놀이를 하면서 하나만 신경 쓰라고 한다면 저는 아이의 '감정'을 제일 우선시할 것입니다. 어른도 마음이 즐겁지 않으면 지금 하고 있는 일에 제대로 몰입하기 어려운 것처럼 아이들도 마찬가지입니다. 아이는 매번 놀아달라고 보채지만 엄마는 육아와 일로 지친 상태이기 때문에 마음껏 놀아주기가 쉽지 않습니다. 그럴 때 아이는 엄마의 표정이나 몸짓 등 비언어적인 표현에서 엄마의 마음을 느껴요. 아이가 놀이와 연계해서 반복적으로 부정적인 느낌을 받는다면 놀이를 제대로 즐길 수 없습니다. 놀이에 임하기 전과 놀이하는 과정, 놀이 후 마무리까지 엄마가 보여주는 말과 행동, 표정이 정말 중요합니다. 아이는 엄마의 마음과 상황 등 모든 것을 감정으로 체화하여 받아들이기 때문입니다.

놀이를 통해 느끼고, 생각하고, 표현하는 과정까지 아이는 모든 것을 감정적으로 받아들입니다. 이 놀이는 즐거웠는지, 힘들었는지, 눈치가 보였는지, 어려웠는지, 재밌었는지와 같이 모든 놀이를 감정으로 기억하지요. 아이가 놀이를 하면서 긍정적인 감정을 느껴야 앞으로 부딪히는 여러 문제 앞에서 좌절하지 않고 인내하는 능력이 자랍니다.

'감정'과 '기억'은 하나로 움직입니다. 기분 나쁜 상태에서는 놀이도 학습도 제대로 이루어지기 힘듭니다. 어린아이도 스트레스를 받습니다. 스트레스를 긍정적인 방향으로 해소하는 방법이 바로 놀이입니다. 놀이를 하면서 아이가 즐거워하는지 관찰하면서 적극적으로 동참해주세요. 아이의 해맑은 웃음을 통해 이 세상의 모든 엄마들이 힘을 얻을 수 있기를 응원합니다.

2배 더 재밌게 노는 방법

1. 놀이 전에 꼭 알아야 할 주의사항!

① 엄마가 미리 단어카드를 만들어놓지 마세요

어린 시기에 경험하는 놀이는 감각으로 느끼고, 마음으로 깨닫고, 머리로 생각한 후 다시 마음으로 내려와 평생 가는 기억이 됩니다. 그런 경험들이 쌓여서 자연스럽게 말로 튀어나오고, 글이 써집니다. 어릴 때 한글 교육을 놀이가 아닌 학습으로 느껴버리면 쉽고 즐겁게 갈 수 있는 길을 어렵고 힘들게 가는 것입니다. 단어카드 같은 경우는 엄마가 미리 만들어놓으면 공부처럼 느낄 수 있습니다. 단어카드는 놀이를 하면서 아이와 함께 종이를 오리고, 글씨를 쓰면서 즉흥적으로 만들어보세요.

② 놀이상자 만들기

저희 집에는 아이 앞으로 놀이상자가 하나씩 있어요. 놀이상자란 언제든 열면 무엇이든 만들 수 있는 놀이 재료가 담긴 상자랍니다. 아이가 심심할 때 언제든 재료를 꺼내서 뚝딱뚝딱 만들 수 있도록 놀이에 필요한 기본적인 재료들을 넣어놨어요. 아이들은 자기만의 놀이상자가 생기면 자꾸만 뭔가를 하고 싶은 마음을 갖게 됩니다. 계속 만들고, 꾸미다 보면 참신한 아이디어가 떠올라 창의력과 표현력이 발달해요. 놀고 싶을 때 지체 없이 바로 시작할 수 있도록 잘 보이는 곳에 놀이상자를 하나 놔주세요!

☆ 깨알 팁 ☆
놀이 재료 리스트
색상지, 색종이, 스케치북,
다양한 스티커, 연필, 매직,
사인펜, 색연필, 크레파스,
수수깡, 포스트잇, 양면테이프,
테이프, 칼, 가위, 풀

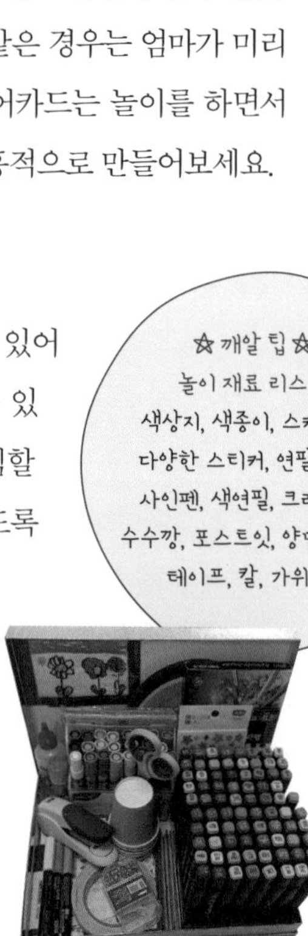

우리집 놀이 상자

③ 버리기 아까운 재활용품은 모아두세요

바로 버리기엔 아까운 재활용품이 너무 많지요. 깨끗한 일회용 용기나 포장지, 상자, 빨대, 계란판, 스티로폼, 비닐 등은 깨끗이 씻어 말려 한 곳에 모아두어요. 필요할 때 꺼내 쓸 수 있는 우리 집 만능 곳간이 됩니다. 아이가 "엄마 심심해! 놀아줘!" 할 때 더 이상 두렵지 않을 거예요. 우리에겐 놀이상자와 만능 곳간이 있기 때문이죠!

④ 가족과 함께 약속을 정해요

놀이 완성품들이 집 안 곳곳에 계속해서 쌓여간다면 얼마나 복잡해질까요? 보기에도 좋지 않을 뿐더러 가족 중 어느 한 사람이라도 불편해한다면 더 이상 놀이를 즐기기만 할 수는 없을 거예요. 그럴 땐 아이가 원하는 기간만큼 전시하도록 약속해보아요. 오히려 아무데나 오랜 기간 두는 것보다 일정 기간 동안 잘 보이는 곳에 두면 아이의 자신감이 자라고, 성취감과 의욕을 불러일으킵니다. 그러나 계속 두는 것이 아니라 전시 기간이 지나면 버리자고 약속을 해보세요. 앞으로 재밌는 것들을 더 많이 만들 것이고, 그러려면 공간 확보가 필요하다는 설명도 붙여주세요. 아이와 약속 없이 버리거나 몰래 치워버리면 아이는 물건이 아니라 자신이 버려졌다고 생각해요. 그러면 더 이상 노력할 마음을 가지지 않게 되지요. 가족이 모두 동의하는 선에서 대화를 하고 규칙을 만들어보세요.

2. 놀이에 미숙한 초보 엄마들을 위한 팁!

① 아이를 한결같은 태도로 기다려주세요

아이의 속도가 느리더라도 빨리 하라고 보채거나, 엄마가 대신해주면 안 돼요. 완성품이 별것 아니게 느껴지더라도 큰 박수를 보내주세요. 아이는 엄마의 표정과 표현을 통해서 자신이 잘하고 있다고 생각하며 자신감을 얻습니다. 엄마의 일관된 모습도 중요합니다. 첫 놀이부터 마지막 놀이까지 엄마의 일관된 모습을 보면서 아이는 안정감을 느끼고 편안하게 자신의 생활을 해나갈 수 있어요.

② 놀이할 때 아이를 최소 세 번은 웃겨주세요

아이가 놀이하면서 적어도 세 번은 웃었다면 그날 하루 세상에서 가장 행복한 아이가 될 것입니다. 짧더라도 함께하는 시간 동안 다른 생각 없이 오로지 엄마와 교감하고 즐거움을 느껴야 해요. 평일 저녁이나 주말이라도 시간을 내어서 아이와 함께 노는 시간을 꼭 가져보세요. 양적 만족보다 질적 만족이 더 효과적입니다. 단 10분이라도 아이가 놀이에 흠뻑 빠지게 해주세요!

③ 엄마도 놀이하는 시간을 즐겨야 해요

남편이 육아와 살림을 함께하는 것이 아니라 도와준다고 생각하면 아내 입장에서 마냥 고맙거나 만족스러울까요. 아이의 놀이도 그와 같습니다. 놀아준다는 생각보다 엄마도 논다는 생각으로 아이와 한마음이 되어야 합니다. 그래야 엄마와 아이 모두 즐거운 시간이 될 수 있어요.

아이에게 무언가를 가르치려 하지 마시고, 아이가 주도하는 놀이가 되게 해주세요. 혼자 생각하고 시행착오를 거쳐 완성해내는 경험을 통해 아이가 스스로 자랄 힘을 터득하게 됩니다.

④ 부정적인 생각은 버려요

놀이를 하다 보면 '이렇게 노는 게 아이에게 실제로 도움이 될까?' '이거 할 시간에 다른 걸 하는 게 더 낫지 않을까?'라는 생각이 들어 집중이 안 될 수도 있어요. 하지만 아이는 놀이에도 집중하지만, 자신과 함께 있는 엄마에게도 집중합니다. 아이가 소중히 여기고 기다리는 놀이 시간을 엄마의 잣대로 평가하면 안 돼요. 아이의 표정과 말투만 봐도 엄마는 아이가 얼마나 행복한지 알 수 있습니다. '내 아이가 지금 정말 즐겁구나! 그럼 됐다!'라는 마음으로 놀이에 임해야 아이도 엄마로부터 전해지는 편안함 속에서 안정되게 자신의 생각을 표현할 수 있어요.

PART 1

입이 트이는 말하기

01

칙칙폭폭 기차놀이

비 오는 날, 마트에 가거나 공공장소에 가면 놓여 있는 일회용 우산 비닐. 한 번 쓰고 버리기에는 너무 아깝죠. 저는 비닐을 집으로 가져와서 놀이에 활용합니다. 빵빵하게 부푼 비닐 풍선을 이어서 기차로 만들면 재밌는 기차놀이를 할 수 있어요.

♥ 준비물 ♥
우산 비닐, 테이프, 매직, 스티커

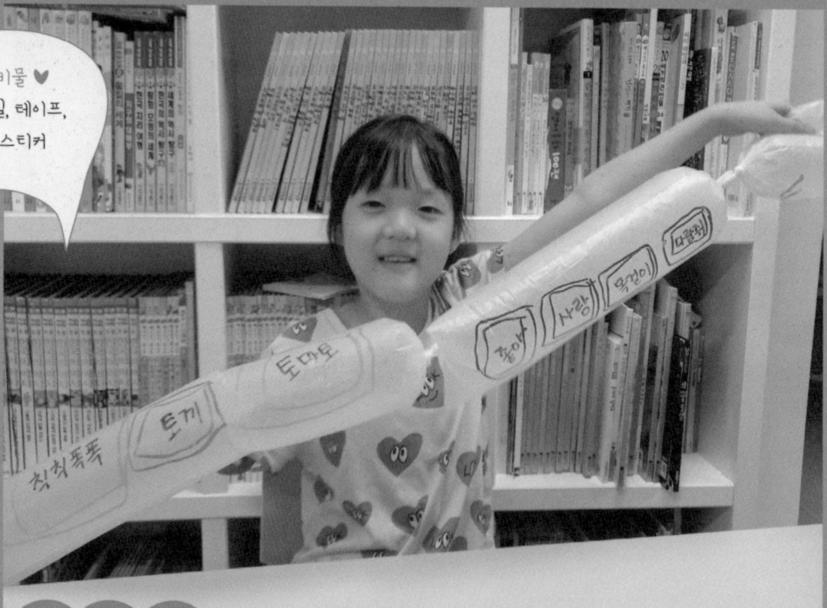

놀이 효과

창의력 ★★☆ 어휘력 ★★★

놀이에서 가장 우선시되는 것은 '신체놀이'예요. 재미있는 신체놀이는 자연스럽게 한글놀이로 이끄는 마중물이 됩니다. 놀이를 하면서 떠오르는 생각과 느낌을 입 밖으로 표현하며 엄마와의 상호작용을 통해 자신감을 얻을 수 있어요.

☆ 깨알 팁 ☆
우산 비닐은 인터넷에 검색하면 100장에 만 원으로 구입 가능해요. 한번 사면 두고두고 쓸 수 있어요!

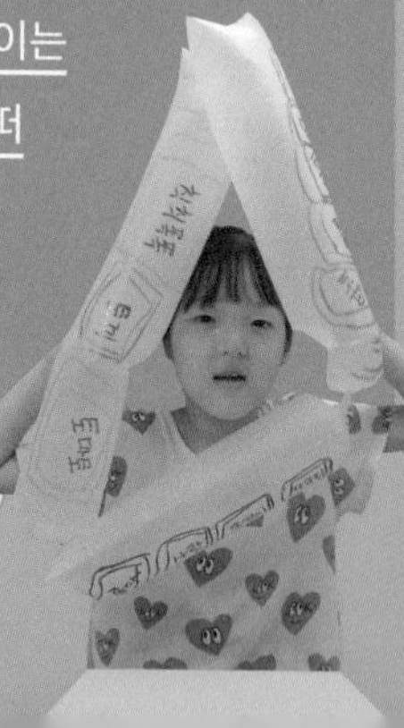

함께 만들어봐요~

1

우산 비닐에 공기를
불어넣어요.

2

공기를 빵빵하게 채우고
테이프로 매듭을 지어요.

3

빵빵해진 비닐들을 이어
기차를 완성해요.

4

기차놀이를 하면서
아이가 말한 단어들을 풍선에 적어요.

5

기찻길을 만들거나, 원하는 길이만큼
비닐 풍선을 이어보아요.

이렇게 대화해보세요~

- '후~' 하고 부니까 어떤 느낌이야?
- 우와~ 비닐이 빵빵해지니까 마치 풍선 같다!
- 기사님, 어디로 가는 기차인가요?
- 칙칙폭폭, 칙칙폭폭 기차가 출발합니다. 이번에 내리실 역은 행복역입니다. 다음은 사랑역입니다. 내리실 분은 안녕히 가세요.
- 다음에 타는 손님은 누구일까?
- 손님, 어서 오세요. 무슨 역으로 가시겠어요?

이것만 주의하세요!

단어카드는 미리 준비하지 마세요! 아이가 이미 완성된 단어카드를 보면 공부한다고 생각해서 금방 싫증을 내요. 실시간으로 아이의 반응을 살피면서 아이가 떠올린 단어들을 풍선 위에 빠르게 적어 즉흥적으로 놀아야 해요.

상상력을 키우는 팁

아이가 좋아하는 인형을 가져와서 태우거나, 스티커를 붙여 꾸며도 됩니다. 기차놀이를 어디에서 할지, 얼마나 할지는 아이가 원하는 대로 해주세요. 아이가 번뜩이는 아이디어를 낼 수도 있어요. 엄마가 너무 많은 말을 하지 마세요. 엄마는 아이가 말을 더 많이 할 수 있도록 보조 역할을 해야 합니다.

02

글자카드 만들기

자음과 모음을 각각 카드로 만들어두면 아이가 카드를 조합하여 단어를 만들 수 있어요. 눈과 손이 협응하여 글자를 이리저리 맞추다 보면 어느새 단어의 원리를 깨닫게 됩니다. 만든 단어는 꼭 소리 내서 읽어주세요!

♥ 준비물 ♥
택배 상자(두꺼운 종이), 가위, 매직

놀이 효과 어휘력 ★★☆ 사고력 ★★★

단어가 어떻게 만들어지는지 원리를 알 수 있어요. 직접 글자를 조합하여 단어를 만들어보면서 글자를 친숙하게 느끼고 자연스럽게 단어를 익힙니다. 직접 만든 단어를 읽으면서 자신감을 얻을 수 있도록 글자카드를 자주 활용해보세요!

함께 만들어봐요~

1

종이를 알맞은 크기로 잘라요.

2

자음, 모음을 적어요.
모음은 ㅏ, ㅑ, ㅡ만 여러 개 만들면
방향을 바꿔 활용할 수 있어요.

3

자음과 모음을 조합해서
단어를 만들어요.

4

여러 가지 단어를 만들고
함께 읽어보아요.

이렇게 대화해보세요~

- 글자카드가 많이 있네! 이걸로 무슨 단어를 만들 수 있을까?
- 이렇게 합쳤더니 이런 단어가 만들어졌네!
- 엄마는 우리 가족 이름을 만들어볼게~
- 우리 ○○(이)가 좋아하는 '우유'도 만들 수 있을까?

이것만 주의하세요!

무작정 아이를 가르치려 하지 마세요. 말이 안 되는 단어를 만들었어도 그 상태로 읽어주세요. 예를 들어 아이가 '히시'라는 단어를 만든 경우, 틀렸다고 하지 말고 읽어주셔야 합니다. 이 놀이는 아이가 '글자 조합의 원리'를 익히는 중이라는 것을 기억하셔야 합니다.

자기조절력이 자라는 팁

글자카드로 가족이나 친구 이름, 좋아하는 만화 캐릭터 이름을 만들어보세요. 아이가 친숙하게 느끼는 단어부터 시작해야 한글을 쉽게 익힐 수 있습니다. 혹시 아이가 잠깐 머뭇거린다면 엄마가 눈치 빠르게 "무슨 단어를 만들 거야? 엄마랑 같이해볼까?" 하고 말을 걸어주세요. 아이가 만드는 중에 어렵거나 자기 마음대로 안 돼서 순간적으로 짜증을 낼 수도 있어요. 그럴 때 "다시 잘 찾아봐"라고 하지 마세요. 아이는 이미 혼자 찾아봤다가 실패해서 짜증이 났기 때문이죠. 그때 엄마가 얼른 "여기 있네?" 하고 아이가 보도록 슬쩍 밀어주세요.

03

그림카드 만들기

그림카드는 한글을 익힐 때 흔하게 사용됩니다. 다만 이 놀이의 특이점은 아이가 '직접' 나만의 카드를 만들어보는 것이에요. 아이가 글자와 어울리는 그림을 생각하고 그리는 과정에서 창의력과 상상력이 풍부해진답니다.

♥ 준비물 ♥
종이, 가위, 색연필

놀이 효과 창의력 ★★☆ 표현력 ★★★

그림과 단어의 짝을 맞추는 과정에서 저절로 사고력이 자라요. 그림을 직접 그려 만든 카드는 시중에 파는 카드로 놀이하는 것보다 기억력 증진에 도움이 됩니다. 엄마와 퀴즈를 풀면서 사고력이 자라고, 질문에 답하고 묻는 과정에서 표현력도 자라요.

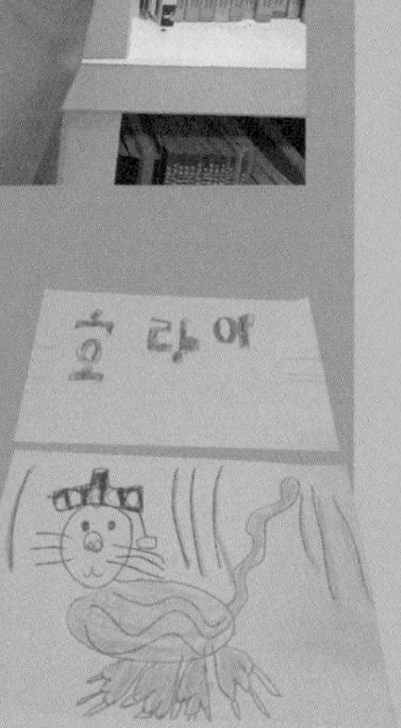

함께 만들어봐요~

1

그림을 그릴 수 있을 정도의
크기로 종이를 잘라요.

2

카드로
만들고 싶은 것들을 그려요.

3

그림을 그리고
색연필로 색칠해요.

4

그림에 해당하는
단어카드도 만들어요.

5

단어카드와 그림카드를
소개하며 이야기를 나누어요.

이렇게 대화해보세요~

- 그림카드가 모두 몇 장일까? 같이 세어보자~
- 하나, 둘, 셋, 넷, 총 네 장이네! 단어카드랑 그림카드를 서로 맞춰볼까?
- 귀를 길게 그리니까 정말 토끼 같은걸?
- 호랑이 단어카드는 어디 있을까? '어흥~' 하고 불러보자~
- 우와~ 토끼 너무 귀엽다. 토끼는 어떻게 뛰어다니지?
- 엉금엉금 거북이 그림이네~ 거북이는 어떻게 걷지?

이것만 주의하세요!

아이가 그림카드와 단어카드를 만들다가 지치면 엄마에게 그림을 그려달라고 하거나, 글자를 써달라고 할 거예요. 그럴 땐 아이가 원하는 대로 해주시면 됩니다. 아이는 엄마의 그림을 모방하며 다음에 그릴 그림을 생각하면서 시간을 벌어요. 함께 이야기하며 만들어가는 것에 의미가 있어요. 결과보다는 과정을 즐기면서 아이가 어떤 그림을 그릴지 기대해보세요. 아이가 좋아하는 단어를 표현하며 즐거움을 느끼는 것이 중요함을 기억해주세요!

어휘력이 자라는 팁

아이가 단어와 그림을 함께 기억하게 하는 질문 리스트

☆ 몸이 조그맣고 귀가 길쭉길쭉한 동물이 뭐였더라?
☆ 몸이 기다랗고 다리가 없는 매끈매끈한 동물이 뭐지?
☆ 가시가 뾰족뾰족 나있는 동물의 이름은 뭘까?

04

계란판 단어 퀴즈

계란판의 칸마다 단어가 적힌 종이를 넣은 후, 상대가 수수께끼를 내듯 단어를 설명하면 해당되는 단어가 놓인 칸에 말을 넣어요. 엄마와 아이가 서로 번갈아가며 퀴즈를 내요. 정답을 말하지 않고 최대한 다양한 표현으로 설명해요.

♥ 준비물 ♥

계란판, 종이, 가위,
계란판에 놓을 말
(레고, 콩, 색종이 조각)

놀이 효과 상상력 ★★☆ 표현력 ★★★

칸마다 단어를 배치해서 맞히기 놀이를 하면 아이가 흥미를 가지고 즐거워해요. 엄마와 단어를 표현하기 위해 상상하는 과정을 통해서 집중력과 표현력이 자라고, 반복을 통해 자연스럽게 글자를 익힐 수 있어요.

함께 만들어봐요~

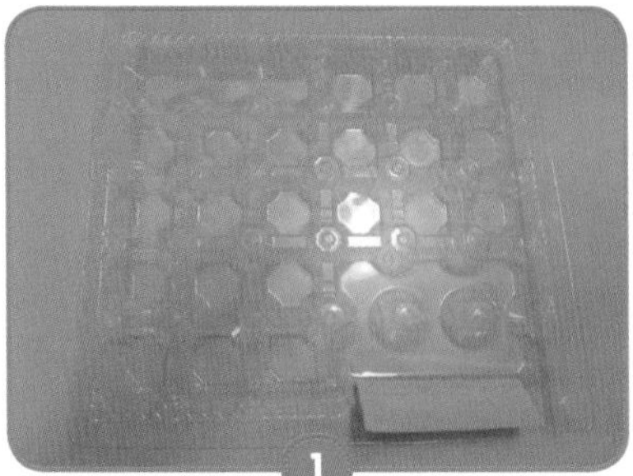

1

계란판을 깨끗이 씻고
물기를 닦아요.

2

종이를 칸에 들어갈
크기로 오려주세요.

3

단어를 적은 카드를
계란판에 넣어요.

4

엄마가 설명하는 단어에
말을 올리며 퀴즈 놀이를 해요.

5

모두 맞힐 때까지
여러 가지 수수께끼를 내면서 놀아요.

내가 바로 단어왕~!

이렇게 대화해보세요~

- 무지개

  비 온 뒤에 하늘에 동그랗게 피어나고,
  빨주노초파남보 일곱 가지 색깔을 가지고 있어.
  이것은 무엇일까?

- 기린

  길쭉길쭉한 목을 가진 키가 큰 동물이야.
  이 동물은 목을 길게 빼고 풀을 뜯어 먹어.

- 우와~ 하나 찾는 건 이제 식은 죽 먹기네!
  그러면 이번에는 단어 2개를 찾아볼까?

이것만 주의하세요!

아이가 실력을 검사받는다고 생각하지 않도록 주의하세요. "저기 있잖아!"라고 다그치듯이 말하지 말고, 아이가 선택할 때까지 기다려주되 필요한 경우 힌트를 더 주세요.

상상력이 자라는 팁

단어는 이미 쓰여져 있기 때문에 수수께끼를 통해서 상상하면서 머리로 이미지를 그려야 합니다. 아이의 눈과 귀와 입, 그리고 생각과 손이 함께 움직이게 만들려면 엄마의 입이 바빠져야 해요!

05

종이 아이스크림 만들기

아이들에게 익숙한 아이스크림 손잡이를 활용해서, 종이 아이스크림을 만들어보아요. 좋아하는 아이스크림을 이야기할 때 아이가 얼마나 많은 말들을 이어갈 수 있는지, 어떤 말을 엄마에게 들려주는지 귀 기울여보세요.

♥ 준비물 ♥
아이스크림 손잡이,
신문, 색종이, 스티커

놀이 효과 창의력 ★★★ 표현력 ★★☆

아이들은 신문지를 뭉치고, 찢는 활동을 통해 소근육의 힘을 키우고, 스트레스를 해소합니다. 일상의 통제로부터 약간의 일탈을 경험할 수 있어요. 버리기 쉬운 것들을 재활용해서 만드는 놀이를 통해 아이의 놀이 욕구가 충족되고, 창의력이 발달할 수 있답니다.

함께 만들어봐요~

1

아이스크림 손잡이 부분에
신문지를 채워넣어요.

2

색종이로 겉면을 포장해요.

3

1단, 2단, 3단 원하는 만큼
색종이 뭉치를 쌓아요.

4

스티커로 아이스크림을 예쁘게 꾸며요.

5

좋아하는 아이스크림을 이야기하며
메뉴판을 만들어요.

이렇게 대화해보세요~

- 아이스크림은 어떨 때 먹고 싶어?
- 아이스크림을 먹으면 기분이 어때?
- 제일 좋아하는 아이스크림은 뭐야?
- 우리가 알고 있는 아이스크림 이름을 다 말해볼까?
- 무슨 맛 아이스크림을 좋아해?
- 엄마한테 어떤 아이스크림을 주고 싶어?
- 가장 좋아하는 친구한테는 어떤 아이스크림을 주고 싶어?

이것만 주의하세요!

아이가 말할 때 중간에 끊지 마시고, 시간을 넉넉히 갖고 기다려주세요. '아이스크림을 많이 먹으면 배가 아프다' '이가 썩는다'와 같은 주의점을 이야기하는 것도 필요하지만, 놀이 시에는 최대한 좋은 점과 재미있는 이야기로 대화가 이어질 수 있게 해주세요. 좋아하는 아이스크림에 대한 이야기, 지금까지 먹었던 아이스크림 중 어떤 것이 맛있었는지와 같은 이야기를 할 수 있게 해주세요.

표현력이 자라는 팁

무엇이든 노래로 바꿔서 부르면 아이들은 즐겁게 듣고 따라 해요. 말로 표현하는 것뿐만 아니라 함께 가사를 지어보고, 따라 부르는 경험을 하게 해주세요. 노래를 만들기 어렵다면, 좋아하는 동요를 개사해서 불러보아요. 아이가 예상치 못한 재밌는 표현을 할 수도 있어요.

♪ 아이스크림 주세요~ 사랑이 가득 담긴 ~
두 개만 주세요~ 기쁨이 가득 담긴~ 세 개만 주세요~ 행복이 가득 담긴~

06

색종이 동물 만들기

아마 색종이 몇 장쯤은 흔히 갖고 계실 거예요. 색종이로 종이접기만 하기보다는 다양한 놀이를 하면서 흥미를 더해보세요! 동그랗게 오린 색종이로 여러 가지 것들을 만들 수 있어요.

♥ 준비물 ♥
계란 고정판 혹은 컵,
색종이, 스테이플러, 연필,
가위, 풀, 눈 스티커, 매직

놀이 효과 창의력 ★★★ 사고력 ★★☆

종이를 오리고, 붙이고, 꾸미는 과정이 끝나면 작은 색종이가 어느새 하나의 완성물이 됩니다. 과정은 간단하지만 눈에 보이는 완성물은 크기 때문에 아이가 성취감을 느낄 수 있어요. 또한 눈과 손의 협응 동작이 필요한 놀이여서 좌뇌와 우뇌를 고루 발달시키는 데 도움이 돼요.

함께 만들어봐요~

1

계란 고정판을 이용해서
색종이에 동그라미를 여러 개 그려요.

2

색종이를 낭비하지 않도록
가능한 동그라미를 채워서 그려요.

3

색종이를 여러 장 겹쳐서 스테이플러로
고정하고 동그라미를 따라 오려요.

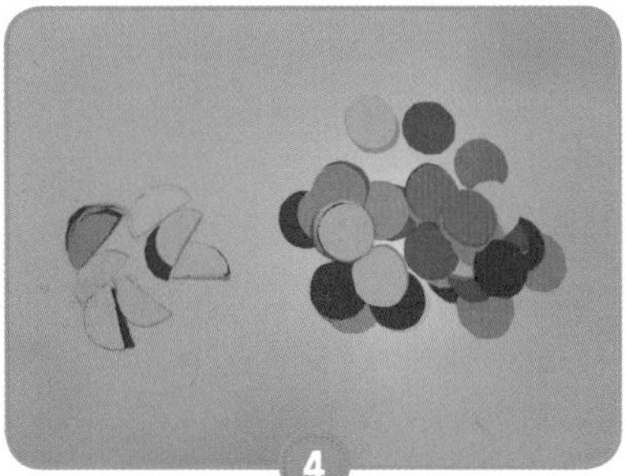

4

동그랗게 자른 종이의
3분의 1은 절반으로 잘라요.

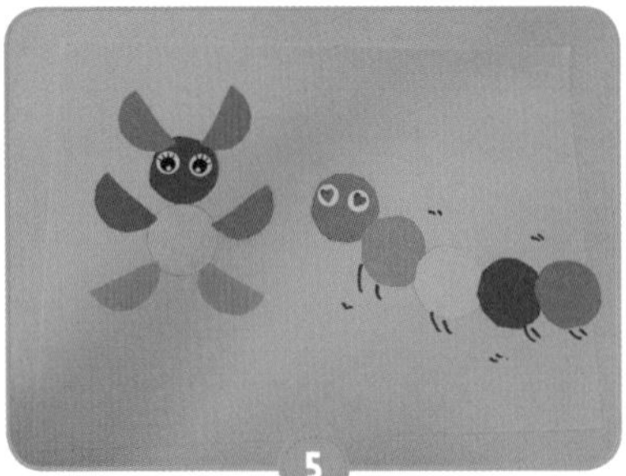

5

오린 종이를 사용하여
여러 가지를 만들어요.

알록달록해서 정말 귀엽죠?

이렇게 대화해보세요~

- 무엇을 만들 예정이야?
- 빨간색을 골랐구나! 이번엔 어떤 색을 고를 거야?
- 엄마는 이번에 파랑색으로 해볼게.
- 이번엔 어떤 색이 어울릴까?
- 반달 모양 색종이로 동물의 팔다리를 만들 수도 있구나!
- 곰을 만들고 싶구나~ 곰은 어떻게 만들어야 하지? 얼굴부터 붙이면 될까?

이것만 주의하세요!

동그라미가 삐뚤삐뚤해도 아이가 스스로 오릴 수 있게 해주세요. 어릴 때부터 마음껏 오리고, 찢는 과정에서 실수와 실패를 하는 경험이 필요합니다. 색종이는 그런 경험을 하기에 좋은 재료예요.

손의 힘이 자라는 팁

초등학교 저학년이 되어도 손가락 힘이 약해서 글자 쓰기를 어려워하는 아이들이 의외로 많아요. 어려서부터 손의 힘을 키우려면 가위질 정도는 능수능란하게 할 수 있도록 기회를 주세요.

07

스티커로 표현하기

1,000원 정도로 부담 없이 살 수 있는 여러 색깔의 원형 스티커를 이용해서 아이가 표현하고 싶은 것을 꾸며보아요. 그림 그리는 것을 귀찮아하거나 자신 없어 하는 아이일지라도 스티커를 붙이는 것은 좋아해요.

♥ 준비물 ♥
여러 색의 원형 스티커, 종이, 매직

놀이 효과 창의력 ★★☆ 집중력 ★★★

평소에 생각해보지 않았더라도 앞에 어떤 재료가 주어지면, 아이는 그것을 이용해서 어떻게 꾸밀지 생각합니다. 스티커가 어떻게 사용될지는 오로지 아이에게 맡겨주세요. 머릿속으로 생각하고 그것을 표현하는 작업은 아이를 지적으로 성장하게 하고, 커다란 성취감을 느끼게 합니다.

함께 만들어봐요~

1

종이에 그림을 그리고,
그 위에 스티커를 붙여요.

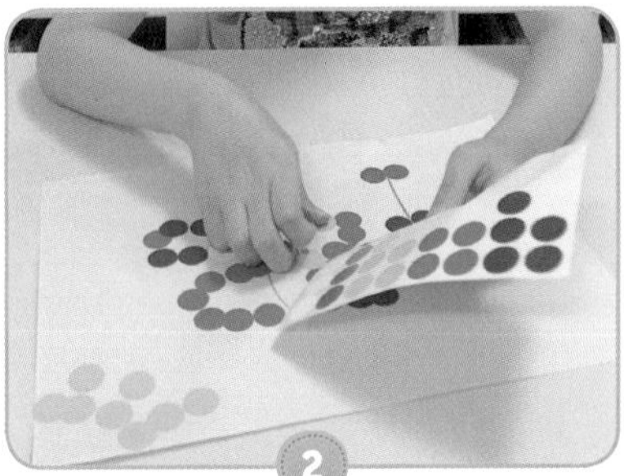

2

다양한 색깔의 스티커를 이용해서
꾸미는 즐거움을 느껴요.

3

그림을 설명하는
단어를 써보아요.

☆ 깨알 팁 ☆

스티커 외에도
안 읽는 그림책에서
적절한 그림을 오려서
붙이면 좋아요.

4

완성된 작품을 보며
이야기를 나누어요.

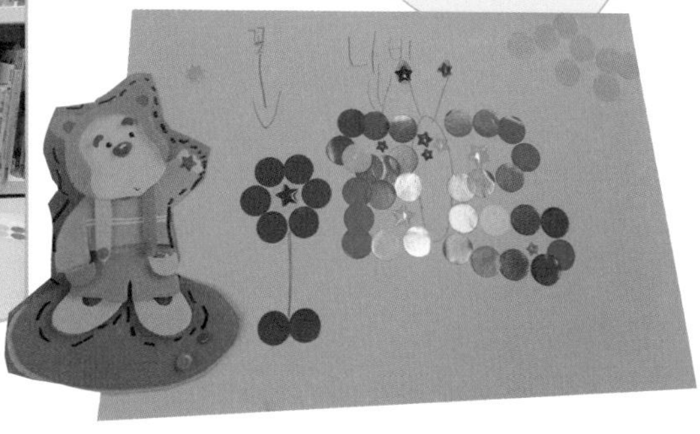

이렇게 대화해보세요~

- 어떤 그림을 그릴 거야?
- 우와~ 그림 위에 스티커를 붙이니까 더 화려해졌다~
- 알록달록해서 정말 예쁘다!
- 이번엔 무슨 색깔 스티커를 붙일 거야?
- 노란색을 붙이니 마음까지 환해지는 기분인걸!

이것만 주의하세요!

아이가 집 안에 여기저기 스티커를 붙여놓으면 엄마 입장에서는 참 고역이에요. 그래서 마음대로 붙이지 못하게 말리거나, 뺏는 경우도 있죠. 스티커 놀이를 할 때만큼은 원 없이 붙일 수 있도록 저렴한 스티커를 넉넉히 구해서 사용하게 해주세요.

어휘력이 풍부해지는 팁

엄마가 풍부한 어휘를 들려줄수록 아이는 자신감을 갖고 다음 행동을 결정하는 등, 창의력의 밑거름이 됩니다. 아이가 다양한 단어를 배워서 입 밖으로 뱉을 수 있도록 옆에서 수다쟁이 친구가 되어주세요.

08

마트 놀이

평소에는 실컷 사지 못하는 것들을 놀이를 통해 마음껏 사고파는 경험을 할 수 있어요. 점원과 손님 등 역할을 바꿔 역할놀이를 하면서 다른 사람의 입장을 이해하는 계기가 되기도 합니다. 마트 놀이로 즐거운 나들이를 경험하게 해주세요!

♥ 준비물 ♥

마트 전단지, 종이돈, 색상지, 가위, 풀

놀이 효과 어휘력 ★★★ 소통능력 ★★☆

역할놀이를 통해 아이는 다양한 감정을 경험할 수 있어요. 직접 역할을 맡아 생각하고 말함으로써 다른 사람의 입장을 이해하는 능력도 키울 수 있습니다. 또한 물건을 사고파는 행위와 규칙에 대한 이해, 종이돈을 이용해 간단히 셈하는 방법 등 마트를 이용할 때 필요한 상식을 익힐 수 있어요.

함께 만들어봐요~

1

마트 전단지에서
물품 사진들을 오려요.

2

직원과 손님 역할을 맡아
역할놀이를 해요.

3

사고 싶은 물건들을 골라서
종이 장바구니에 붙여요.

4

물품들의 가격을 정하고
종이돈을 이용해서 계산해요.

5

계산이 끝난 물건들을 소개해요.

이렇게 대화해보세요~

- 마트의 이름은 무엇으로 할 거야?
- 오늘은 어떤 걸 살 계획이야?
- 이 물건을 고른 이유는 뭐야?
- 이 재료는 어떻게 요리해서 먹으면 좋을까?
- 사장님~ 이거는 얼마예요?
- 오늘 구입한 것 중 가장 마음에 드는 것은 뭐야?
- 물건을 직접 골라보니 어때?

이것만 주의하세요!

아이가 주도하여 장을 볼 수 있도록 해요. 실제로 마트에 가면 엄마가 주도하기 때문에 놀이를 할 때는 오로지 아이가 선택해서 다양한 역할을 접할 수 있게 해주세요.

소통능력이 자라는 팁

☆ 역할놀이 예시 ☆

점원 어서오세요. ○○마트입니다. 천천히 둘러보세요. 좋은 상품이 아주 많습니다. 오늘 고등어가 아주 신선합니다. 배추도 아주 싱싱해요. 김치로 만들어 먹으면 딱 좋아요~

계산대 직원 안녕하세요. 총 5,000원입니다. 포인트 적립해드릴까요? 전화번호 뒷자리가 어떻게 되세요? 잔돈 1,000원입니다. 안녕히 가세요.

손님 안녕하세요. 우유는 어디에 있어요? 카레를 만들려고 하는데 당근은 어디에 있나요? 총 얼마예요?

09

할 일 수첩 만들기

아이가 직접 오늘 하루 어떤 일들을 할 계획인지 생각하고 적으면, 엄마를 막연히 기다리지 않고 스스로 어떤 일을 할 수 있을지 생각하게 됩니다. 할 일들을 혼자 계획하면서 변화하는 아이의 모습을 볼 수 있어요.

♥ 준비물 ♥
종이, 필기도구, 스티커

놀이 효과 자기주도력 ★★★ 사고력 ★★☆

과잉보호로 인해 아이가 할 줄 아는 일들이 적어지지 않도록 스스로 오늘 무엇을 할지 생각하며 적어보는 것이 중요합니다. 혼자 할 수 있는 것과 엄마와 함께할 수 있는 것을 구분하면서 아이는 책임감을 느껴요. 또한 가족의 테두리 안에서 자신의 존재를 인지하면서 소속감과 안정감을 갖게 될 거예요.

함께 만들어봐요~

1

종이에 오늘 할 일을 적어요.

2

어떤 일을 하고 싶은지, 어떤 일을
할 수 있을지 같이 이야기해요.

3

그림을 그리거나 스티커를 붙여
수첩을 꾸며요.

4

수첩을 함께 보며
하루 일과를 이야기해요.

오늘 하루도
알차게 보내야지~!

이렇게 대화해보세요~

- 오늘 해야 할 일이 무엇인지 쭉 적어볼까?
- 여기서 가장 먼저 해야 할 일은 뭐야?
- 이것을 먼저 해야 하는 이유는 뭘까?
- 엄마가 도와줄 수 있는 일이 있을까?
- 우와~ 대단하다! 혼자서 할 수 있겠어?
- 오늘 이 일들을 다 하면 엄청 뿌듯하겠다!

이것만 주의하세요!

아이가 수첩에 적는 일들이 엄마의 시간과 노력이 많이 필요한 것일 수도 있습니다. 가령 함께 놀아달라거나, 책을 읽어달라거나, 뭔가를 해달라는 내용이 있을 거예요. 무턱대고 안 된다고 하며 지우지 마시고, 같이 하되 스스로 할 수 있는 일은 무엇인지 묻고 끄집어낼 수 있도록 도와주세요.

자기주도력을 키우는 팁

사소한 것일지라도 스스로 생각해서 적을 수 있도록 기다려주세요. 엄마의 강요가 조금이라도 담기지 않게 배려해주세요. 예를 들면 "하루에 학습지 1장 하기 어때?"와 같은 말들은 놀이 중에는 하지 않는 게 좋아요.

10

엄마에게 편지 쓰기

아이가 글자를 떠듬떠듬 읽기 시작할 때여도 아이들은 무언가 쓰는 것을 좋아합니다. 특히 사랑하는 엄마에게 편지 쓰는 시간을 제일 좋아하지요. 엄마도 옆에서 아이에게 편지를 써준다면 잊지 못할 행복한 시간이 될 거예요.

♥ 준비물 ♥
색상지, 색종이,
필기도구, 스티커

놀이 효과 어휘력 ★★☆ 친밀감 ★★★

대체로 엄마와 사이가 원만한 아이라면 엄마에게 편지 쓰기는 재밌는 놀이로 여길 만큼 즐겁고 행복한 일일 거예요. 평소 서로에게 하고 싶었던 말을 적어 교환하고 읽어보면서 유대 관계가 긴밀해져요.

함께 만들어봐요~

1

편지를 쓰고 싶은
종이를 선택해서 편지를 써요.

2

편지지를 넣을
편지 봉투를 만들어요.

3

색종이를 접어 붙이거나,
스티커를 붙여 편지 봉투를 꾸며요.

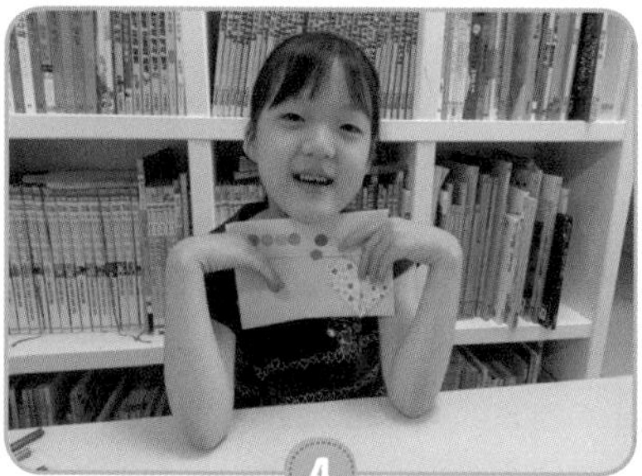

4

편지 봉투에 편지지를 넣어
마음을 전달해요.

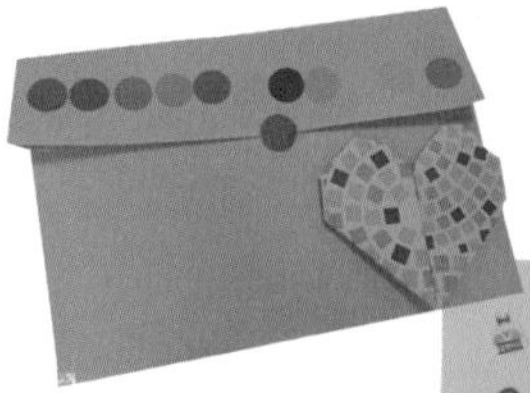

이렇게 대화해보세요~

- 오늘은 엄마한테 편지를 써보자~
- 엄마한테 평소에 하고 싶었던 말이 있니?
- 엄마한테 편지 읽어줄 수 있어?
- ○○(이)가 엄마한테 편지를 써줘서 너무 기쁘다~
- 엄마도 답장으로 편지 써서 줄게.
- 잃어버리지 않게 소중히 보관할게.

이것만 주의하세요!

아이가 보는 앞에서 편지를 소중히 여겨주세요. 금방 버리거나, 바닥 어딘가에 놓인 채로 시간이 지나면 아이는 엄마가 자신의 마음을 소중히 여기지 않는다고 생각해서 실망하게 돼요.

공감력이 자라는 팁

상대의 말에 얼마나 공감하는지는 목소리와 표정, 몸짓에 가득 묻어납니다. 목소리의 높이는 도레미파솔의 '솔' 음정으로, 표정은 최대한 밝게 하고 아이와 이야기를 나누어보세요. 아이는 엄마의 공감력에 따라 마음을 표현하는 기쁨을 알아가며 자랍니다.

11

좋아하는 노랫말 쓰기

아이들이 어린이집이나 유치원을 다니면서 배우는 동요들이 있지요. 동요를 함께 부르면서 종이에 직접 노랫말을 적어보아요. 아는 노래이기 때문에 아이들이 노랫말을 보며 자연스럽게 읽을 수 있어요.

♥ 준비물 ♥
종이, 필기도구, 스티커

놀이 효과 어휘력 ★★★ 집중력 ★★☆

이 놀이의 가장 큰 장점은 아이가 좋아하는 노래를 부르며 놀기 때문에 공부한다는 생각이 안 든다는 점이에요. 노랫말을 직접 소리 내어 부름으로써 읽기 능력을 키울 수 있어요. 아이와 함께 노래를 부르며 신나는 놀이 시간을 만들어보아요.

함께 만들어봐요~

동요를 선택하고 노래를 부르면서
천천히 적어요.

자리가 부족하면
종이를 이어 붙여서 쓰게 해주세요.

노래를 함께 부르며
주변을 스티커로 예쁘게 꾸며요.

엄마가 쓴 노랫말도 같이 보면서
꾸며보아요.

눈에 잘 띄는 장소에 붙여두고,
지나가면서 불러요.

이렇게 대화해보세요~

- 요즘 어린이집(유치원)에서 어떤 노래를 부르면 즐거워?
- 우리 ○○(이)가 좋아하는 노래는 뭐야? 엄마에게 가르쳐줄 수 있을까?
- 노래를 부를 때 기분이 어때?
- 가사를 다르게 바꿔보면 어떨까? 엄마하고 같이해볼까?

이것만 주의하세요!

글자를 틀리더라도 아이가 직접 적게 해주세요. 아이가 도움을 요청한다면 그 때 엄마가 손을 잡고 도와주거나, 엄마가 적은 노랫말을 보여주면서 힌트를 줘요. 노래 부르기는 즐거운 분위기에서 가능하니 놀이 전부터 아이의 마음을 편안하게 만들어주세요.

공감력이 자라는 팁

엄마가 과묵하면 아이도 과묵하기 쉽습니다. 아이는 양육자로부터 말하는 표현과 습관을 배우니까요. 일상생활 속에서 마땅한 대화를 이어가기 어려울 때는 다양한 노래를 불러주세요. 엄마의 노래는 아이의 마음에 오래도록 남습니다. 아이가 직접 쓴 노랫말 종이를 이곳저곳에 붙여놓으면, 앞에 앉아 가사를 읽거나 노래를 부르는 모습을 보게 되실 거예요.

12

마음시계 만들기

아이들은 늘 엄마와 놀고 싶지만 육아와 살림, 직장 때문에 힘들어하는 엄마를 보면 어느 순간 입을 닫아버리고 맙니다. 그럴 때 굳이 말을 하지 않고도 아이가 언제든 마음을 표현할 수 있도록 '마음시계'를 만들어보아요!

♥ 준비물 ♥
두꺼운 종이, 할핀, 매직, 가위

놀이 효과 친밀감 ★★★ 사고력 ★★☆

마음시계를 통해 엄마에게 속마음을 드러내기도 하지만 스스로 자신의 마음을 생각하고 돌아보는 시간을 갖기도 해요. 엄마의 마음시계도 만들어서 나란히 붙여놓으면, 서로의 마음을 생각하고 배려함으로써 인성교육에 도움이 됩니다.

함께 만들어봐요~

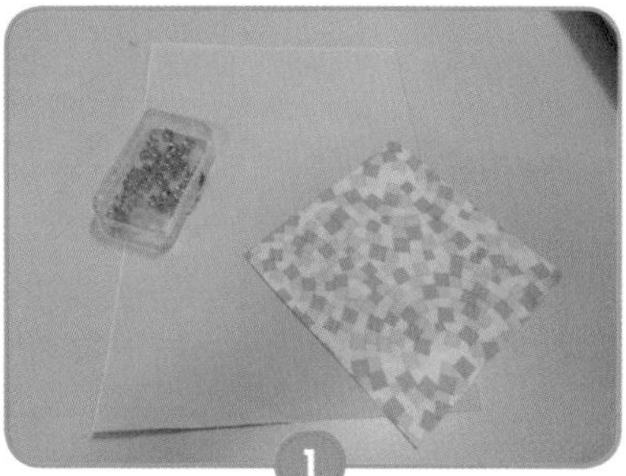

1

만들고 싶은 시계 판, 시곗바늘의
모양과 색상을 정해요.

2

시곗바늘과 판에 구멍을 뚫어 할핀을 꽂고
뒷면에 테이프를 붙여 고정해요.

3

시계 판에 마음의 시간을 꾸며요.

4

완성된 마음시계가 잘 작동하는지
확인해보고, 잘 보이는 곳에 붙여요.

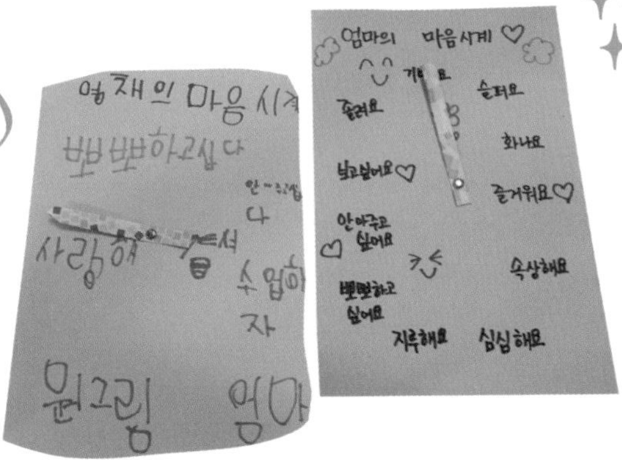

이렇게 대화해보세요~

- 평소에 엄마한테 표현하고 싶은 마음을 적어볼까?
- '뽀뽀하고 싶다'를 쓰고 시곗바늘을 올려놓으면 엄마가 뽀뽀해줄게~
- 지금 엄마를 안아주고 싶구나~ 이리와, 엄마 안아줘~
- 마음시계가 우리 마음을 표현해주어서 편하고 좋다~
  다음에 친구들이 놀러오면 같이 만들어볼까?
- 누구 마음시계가 제일 궁금해?

이것만 주의하세요!

아이가 표현한 마음시계를 보면, 반드시 아이의 마음을 읽어주세요. 그래야 아이가 마음의 문을 닫지 않고 계속해서 마음을 표현할 수 있으니까요. 마음시계를 제대로 읽어주지 못하면 엄마를 향한 원망이 쌓여 멀어질 수도 있어요.

소통능력이 자라는 팁

아이와 한집에 살면서도 실제로 마주 앉아 대화하는 시간은 얼마나 될까요. 얼굴을 마주하고 대화하는 것은 어른이나 아이에게 모두 중요한 일이지요. 문자나 전화가 익숙해지기 전에 대화로 엄마에게 마음을 전하는 일이 편해질 수 있도록 마음시계를 이용해보세요.

13

버릴 책으로 작품 만들기

집에 오래된 책이나 아이의 연령과 맞지 않는 책이 적어도 몇 권쯤은 있을 거예요. 그림책에서 마음에 드는 그림을 마음껏 오리고, 붙여서 새로운 작품을 만들 수 있게 해주세요. 그 순간 아이는 특별한 작가로 변신한답니다!

♥ 준비물 ♥
그림책, 가위, 풀, 필기구, 색상지

놀이 효과

표현력 ★★★ 사고력 ★★☆

아이들이 책을 가깝게 느끼려면 책을 다양한 방법으로 만져보고 경험하는 것이 좋아요. 창작력을 끌어올려 다른 장면들을 새롭게 조합하는 훈련은 책과 가까워질 수 있는 촉진제가 됩니다. 눈으로만 보는 것보다 손을 움직이면서 직접 뜯어보고 조립하면서 더 많은 것을 배울 수 있어요.

함께 만들어봐요~

그림책을 보면서
어떤 장면을 오릴지 생각해요.

마음에 드는 그림을
가위로 오려요.

장면을 생각하면서
종이에 알맞게 붙여요.

장면을 설명하는
짧은 글을 적어요.

완성된 장면을 보며
함께 이야기를 나누어요.

제가 만든 작품이에요~

이렇게 대화해보세요~

- 이제 ○살이 되었으니까 이 책과는 안녕하려 해.
- 책아, 그동안 고마웠어. 나에게 재미있는 이야기를 들려주어서 고마워~
- 이 그림은 왜 선택했어?
- 어떤 이야기를 만들지 기대된다!
- 우와~ 이렇게 한곳에 모이니까 더 재밌어졌다!
- 어떤 장면인지 설명해줄래?

이것만 주의하세요!

아이가 만들기 어려워하면 엄마가 시범을 보여주는 것이 좋습니다. 엄마를 통해서 방법을 배우고, 자신의 생각을 가다듬기 때문이죠. 책을 오리는 것이 싫은 경우에는 다 쓴 학습지나 전단지, 신문지를 사용해도 됩니다. 굳이 그림책을 오리는 이유는 이미 알고 있는 동화 내용을 다르게 표현하는 경험을 하기 위해서입니다. 상황이 힘들다면 가능한 방법을 이용해서 함께해보세요.

독서력이 자라는 팁

아이가 어릴 때는 본능적으로 책을 찾기 때문에 내 아이가 책을 좋아한다고 오해하기 쉬워요. 아이가 자라면서 꾸준히 책을 읽기 위해서는 가정환경이 중요합니다. 엄마 아빠가 손에 책을 들고 있는 모습을 자주 보여줘야 합니다. 또한 집 안 곳곳에 책을 비치해서 아이가 책을 어려워하지 않게 해주세요. 당연히 책을 활용한 놀이도 중요하겠지요?

14

신문지 공 만들기

'신문지 공'은 만들기 쉬울 뿐만 아니라 가벼워서 아이가 다칠 염려가 없고, 소음 걱정도 없기 때문에 집 안에서 활용하기 좋은 놀이예요. 땀을 흘릴 정도로 놀면 아이가 나가지 못해서 쌓였던 답답함을 해소할 수 있어요.

♥ 준비물 ♥
신문지 여러 장, 테이프

놀이 효과 집중력 ★★★ 근력 ★★★

이 놀이를 통해 공을 어느 정도의 힘으로 던져야 상대방이 기분 나쁘지 않고, 다치지 않는지를 감각적으로 익힐 수 있어요. 신체놀이를 할 때 아이가 상대를 어떻게 배려하는지 잘 살펴보세요. 좋은 놀이란 자신의 힘을 조절하며 상대방과 합을 맞춰야 한다는 것을 자연스럽게 알게 해야 합니다.

함께 만들어봐요~

1

신문지를 한 장씩 펼쳐서
둥글게 뭉쳐요.

2

처음에 만든 신문지 뭉치 위로
계속해서 신문지를 감싸요.

3

원하는 크기만큼 완성되면
풀어지지 않도록 테이프로 감아요.

4

공 차기, 바구니에 공 집어넣기, 피구 등
다양한 놀이를 해요.

이렇게 대화해보세요~

- 신문지 공으로 어떤 놀이를 해볼까?
- 공은 세게 던지면 아프니까 살살 던져야 돼~
- 공 차기 놀이를 하면 엄마는 어느 쪽에 서서 하면 좋을까?
- 농구 골대는 뭐로 하면 좋을까? 바구니가 좋겠는걸?
- 우리 이긴 사람에게 뭘 해주기로 할까?
- 쿵쾅쿵쾅 뛰어다니면 아랫집이 시끄럽겠지? 조금만 조심하자~

이것만 주의하세요!

놀이 전에 머리나 눈을 공격하지 않도록 미리 약속해야 합니다. 또한 이웃을 위해 바닥을 발로 쿵쿵 구르지 않도록 주의해주세요. 그러나 안 된다는 주의를 많이 주면 아이가 주눅이 들기 때문에 이웃을 배려해서 어느 정도 허용할지를 약속하면 됩니다. 아이와 노는 동안에는 긍정적인 피드백을 많이 주어야 해요. 엄마의 미간이 찌푸려질수록 아이는 불안합니다. 편안하게 놀 수 있도록 아이와 합을 잘 맞춰보세요.

협동심이 자라는 팁

가족들이 편을 나눠서 누가 이기나 내기해보아요. 이긴 편에게 간단한 시상을 하면서 재밌는 이벤트를 만들어도 좋아요. 치우는 과정도 함께하도록 해요. 무엇을 시작해서 마치는 과정까지 누군가와 함께하면 성취감과 자신감, 뿌듯함, 소속감을 느끼게 됩니다.

15

머리띠 만들기

아이들은 성별과 관계 없이 특별한 모양으로 만든 머리띠를 얹어주면 곧잘 즐거워합니다. 아이가 좋아하는 종이접기를 응용해서 다양한 머리띠를 만들어보아요.

♥ 준비물 ♥

색종이, 가위, 테이프

놀이 효과 집중력 ★★☆ 창의력 ★★★

종이접기는 아이의 소근육을 발달시키고, 창의력을 높여줍니다. 종이의 끝을 맞추어 힘을 조절해서 접는 과정에서 인내력도 키울 수 있어요. 종이접기의 반복적인 패턴을 익히면서 도형의 생김새와 대칭을 이해해요.

함께 만들어봐요~

1

어떤 모양의 머리띠를 만들지
함께 이야기를 나누어요.

2

엄마를 따라서
차근차근 접어보아요.

3

머리둘레에 맞게 색종이를 접어서
머리띠를 만들어요.

4

장식과 머리띠를
테이프를 붙여 연결해요.

5

머리띠를 하고
엄마와 역할놀이를 해요.

이렇게 대화해보세요~

- 어떤 머리띠를 만들어볼까?
- 왜 그 머리띠를 만들고 싶어?
- 네모를 반으로 접어보자.
- 네모를 반으로 접으면 세모가 되네.
- 뒤집어서 반으로 접어보자.
- 손끝으로 누르면서 접으면 선이 선명하게 남네~
- 우와~ 머리띠 너무 멋지다!
- 무슨 머리띠인지 설명해줄래?
- 그럼 엄마는 어떤 역할을 할까?

이것만 주의하세요!

종이접기가 익숙하지 않은 아이일수록 지레 겁을 먹거나 포기하려고 합니다. 엄마가 먼저 종이를 접으면서 아이의 흥미를 이끌어내는 노력이 필요해요. 도형을 언급하면서 천천히 따라 접도록 도와주세요. 선에 맞춰서 못 접더라도 혼내면 안 돼요. 경험이 풍부해질 수 있도록 엄마가 인내심을 갖고 노력해주세요.

손의 힘을 기르는 팁

종이접기는 손끝으로 누르면서 반듯하게 접을수록 다음 단계로 넘어가기 쉬워요. 손가락을 움직이고 힘을 주면서 소근육을 키울 수 있습니다. 아이가 성격이 급해서 바로 다음 단계로 넘어가려 한다면 차분하게 차근차근 접을 수 있도록 옆에서 이끌어주세요.

오늘의 놀이 쿠폰

오늘 하고 싶은 놀이를 선택해서 예쁘게 오려 엄마 아빠에게 제출해보아요.
사용한 놀이 쿠폰은 한곳에 보관해두었다가 또 놀고 싶을 때 사용해요!

칙칙폭폭 기차놀이 (18쪽)	글자카드 만들기 (21쪽)	그림카드 만들기 (24쪽)
계란판 단어 퀴즈 (27쪽)	종이 아이스크림 만들기(30쪽)	색종이 동물 만들기 (33쪽)
스티커로 표현하기 (36쪽)	마트 놀이 (39쪽)	할 일 수첩 만들기 (42쪽)
엄마에게 편지 쓰기 (45쪽)	좋아하는 노랫말 쓰기(48쪽)	마음시계 만들기 (51쪽)
버릴 책으로 작품 만들기(54쪽)	신문지 공 만들기 (57쪽)	머리띠 만들기 (60쪽)

PART 2

집중력을 기르는 그리기

16

두루마리 휴지 구름

두루마리 휴지로 시시각각 모양이 달라지는 구름을 표현해보아요. 아이들은 구름의 포근하고 몽실몽실한 느낌을 표현하는 것을 꽤 좋아합니다. 원하는 모양으로 구름을 마음껏 표현하면서 날씨에 대해 이야기도 나누어보세요.

♥ 준비물 ♥
색상지, 물풀, 휴지, 꾸밈도구

놀이 효과 스트레스 해소 ★★☆ 근력 ★★★

매일 보는 하늘과 구름도 그냥 지나치면 아무런 의미를 느끼지 못해요. 엄마와 놀이를 통해서 구름에 대해 이야기를 나눈다면, 앞으로 구름을 볼 때마다 엄마와 나눌 이야기가 점점 더 풍성해질 거예요.

함께 만들어봐요~

1

구름을 붙일 자리에
밑그림을 그려요.

2

이야기를 만들면서 구름 주변에
그림을 그리고 색칠해요.

3

구름을 붙일 자리에 물풀을 발라요.

4

적당한 길이로 끊은 휴지를 뭉쳐
구름 자리에 붙여요.

5

완성된 작품을 보며
어떤 그림인지 설명해요.

포근하고 몽실몽실한
구름 완성~!

이렇게 대화해보세요~

- 휴지를 만져보니 느낌이 어때?
- 오늘은 하얀 휴지로 구름을 표현해볼 거야. 어떤 모양으로 표현하고 싶어?
- 휴지는 어떨 때 사용하지?
- 구름이 무거워지면 비가 되어서 내리는 거야.
  비가 올 때 구름 색깔은 어떻지? 먹구름도 표현해볼까?
- 우와~ 휴지가 풍성한 구름이 되었네!
- 이 그림은 뭘 그린 거야? 이야기해줄래?

이것만 주의하세요!

놀이를 할 때 "휴지를 아껴 써야지!"라는 말은 하지 마세요. 휴지를 몇 칸만 미리 떼어서 아이에게 주는 것도 삼가세요. 대부분의 활동을 아이가 직접 할 수 있게 해야 합니다. 아이가 두루마리 휴지를 풀어서 바닥을 가득 채워도 한 번쯤은 그렇게 하도록 놔주세요. 대신 평소에는 휴지를 아껴 써야 한다고 말해줘야 합니다.

손의 힘을 기르는 팁

휴지를 뭉치려면 의외로 손가락에 힘이 많이 들어가요. 아이들이 조그마한 손으로 휴지를 뭉칠 때 힘을 조절하는 방법을 익힐 수 있어요.

17

그림과 글자 매치하기

아이가 직접 그림을 그리고, 그림에 알맞은 글자 스티커를 붙이는 놀이예요. 그림 그리기와 스티커 붙이기는 아이들이 가장 좋아하는 놀이기도 하지요. 한 번 해보면 앞으로는 손쉽게 만들 수 있을 거예요!

준비물
스케치북, 라벨지, 색칠도구, 펜

놀이 효과

어휘력 ★★☆ 표현력 ★★★

그림을 그리고, 글자 스티커를 떼어서 알맞은 위치에 붙이는 과정에서 아이의 눈과 손이 협응합니다. 수없이 손가락을 움직여서 뭔가를 만들면서 주의집중력과 인내력을 기를 수 있고, 소근육 운동에 효과적이에요.

함께 만들어봐요~

1

종이 위에 그림을 그려요.

2

색칠 도구를 사용하여
그림 위에 색을 입혀요.

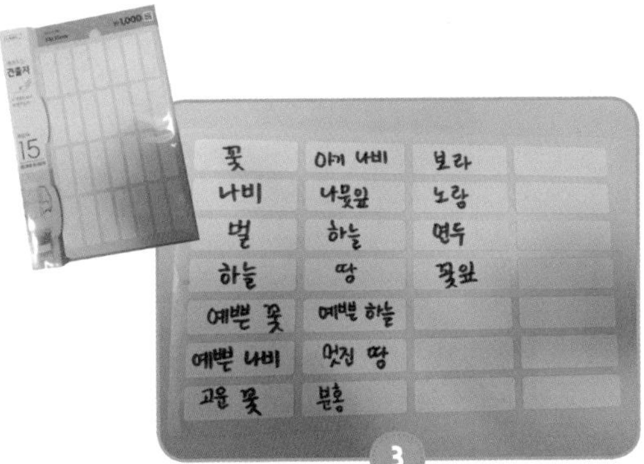

3

아이가 그림을 설명하면
엄마는 라벨지에 단어를 작성해요.

4

아이가 그림을 설명하면서
단어 스티커를 그림 위에 붙여요.

5

단어 스티커가 모두 붙여진 완성품을 보며
이야기를 나누어요.

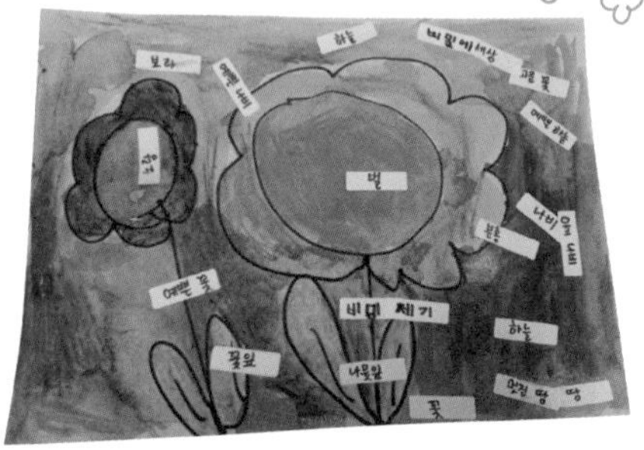

이렇게 대화해보세요~

- 지금 뭘 그리는 거야?
- 그림이 점점 완성되고 있네! 이제 어떤 단어가 필요한지 생각해야겠다~
- 이 그림은 뭐라고 불러?
- 무슨 그림인지 이야기해주면 엄마가 어떤 단어가 어울리는지 적어볼게~
- 이 꽃은 그냥 꽃이 아니고 어떤 꽃이야? 예쁜 꽃? 보라색 꽃?
- 작품의 제목은 뭐라고 지으면 좋을까?

이것만 주의하세요!

아이는 단어 스티커를 정답에 딱 맞게 붙이지 못해요. 그럴 때 아이가 알아서 할 수 있도록 가만히 두세요. 틀렸다는 이유로 아이가 붙인 스티커를 떼면 안 됩니다. 아이가 스티커를 삐뚤게 붙이더라도 떼지 마시고, 아이와 함께 고개를 돌려서 단어 스티커를 읽는 센스를 발휘해보세요!

집중력이 생기는 팁

아이들은 마음이 편안할 때에 집중하고 흥미를 느껴요. 놀이할 때 다른 곳에 시선을 빼앗기지 않도록 주변 환경을 쾌적하고 조용하게 해주는 것이 좋아요. 특히 놀이 중에는 텔레비전이나 핸드폰, 형제자매와의 갈등에 주의를 뺏기지 않도록 만들어주세요.

18

눈 스티커 활용하기

다양한 눈 모양 스티커를 이용하면 손쉽게 작품 하나를 만들 수 있어요. 눈 모양 스티커와 어울리는 그림을 그리고 색칠하는 놀이를 통해 아이의 상상력이 자란답니다.

♥ 준비물 ♥

색상지, 눈 모양 스티커, 색종이, 풀, 가위, 펜, 색연필

놀이 효과 상상력 ★★★ 자기조절력 ★★☆

아이들은 스티커를 붙이는 것만큼이나, 스티커를 떼어내는 단순한 일도 즐거워해요. 주도적으로 뭔가를 할 수 있다는 것에서 작은 성취감을 느끼거든요. 주도적인 활동을 통해서 아이는 다음 행동을 예상하고 실행하는 능력을 얻습니다.

함께 만들어봐요~

1

동그란 색종이 위에 눈 스티커를 붙여
표정을 만들어요.

2

상상력을 발휘하여
펜으로 그림을 그려요.

3

무슨 장면인지
엄마와 이야기를 나누어요.

4

남은 색종이와 눈 스티커로
여러 가지를 만들어요.

눈 스티커와 색종이로
이렇게나 많은 것을 만들다니!

이렇게 대화해보세요~

- 어떤 장면을 표현하는 거야?
- 무엇을 하고 있는 걸 표현한 거야?
- 눈 스티커를 붙였더니 표정이 생겼네!
- 얘는 어떤 표정을 짓고 있는 거야?
- 얘는 지금 어떤 마음이야?
- 작품의 제목을 지어볼까?

이것만 주의하세요!

많은 것을 아이가 직접 할 수 있어요. 아이가 결정해서 오리고, 그리고, 붙일 때는 최대한 참견하지 말고 호기심 어린 눈으로 지켜보며 함께 즐거워해주세요. 잘 만든 작품을 칭찬할 뿐만 아니라 평범하고 별거 아닌 것을 만들었을 때에도 아이의 노력을 인정해주세요. 엄마도 아이의 작품을 똑같이 만들어서 보여주거나 한두 가지 다르게 표현해서 만들어보세요. 아이는 엄마와 자신의 작품을 보며 새로운 작품도 만들어낼 수 있게 됩니다.

자기주도력을 키우는 팁

색종이를 오릴 때도 아이가 원하는 모양으로 직접 오릴 수 있게 기회를 주세요. 가위와 풀을 자유자재로 다룰 줄 아는 것이 중요합니다. 초등학교에 들어가기 전에 소도구를 잘 다룰 수 있도록 지도해주세요!

19

파스텔로 그림 그리기

파스텔을 이용해서 상상의 나래를 그림으로 표현해요. 아이들에게 주제 하나만 툭 던져주면 무궁무진한 상상력을 발휘합니다. 아이들이 어릴 때일수록 다양한 재료로 다양한 놀이를 경험하게 해주세요!

♥ 준비물 ♥
종이, 파스텔, 색연필, 물통, 붓

놀이 효과 창의력 ★★★ 표현력 ★★☆

하나의 주제로 여러 상상을 펼치면서 상상력과 창의력이 자랍니다. 또한 '파스텔'이라는 새로운 재료를 만지고 활용하는 특별한 경험을 통해 아이의 호기심을 자극할 수 있어요. 파스텔과 물이 만나면서 물감처럼 변하는 모습을 관찰하면서 색감을 익힐 수 있는 놀이랍니다.

함께 만들어봐요~

'10년 후의 모습'과 같이
하나의 주제를 가지고 그림을 그려요.

밑그림을 파스텔(색연필)로 색칠해요.

붓에 물을 묻혀서
색칠한 부분에 붓질을 해요.

완성된 작품을 보며
엄마와 이야기를 나누어요.

이렇게 대화해보세요~

- 어떤 걸 그릴지 생각했어?
- 여긴 어디야? 여기엔 누가 살고 있어?
- 이 아이는 누구야? 뭐 하고 있는 거야?
- 파스텔(색연필)에 물을 묻히니까 예쁘게 번진다~ 물감이랑 비슷하네!
- 그림을 보면서 이야기를 들으니까 너무 재밌다!

이것만 주의하세요!

아이들은 붓과 물통을 준비한 김에 물감으로도 놀고 싶을 수 있어요. 그때 딱 끊지 말고 더 놀게 해주세요. 아이의 행복지수는 몇 배 더 증가할 거예요.

창의력이 자라는 팁

엄마가 한술 더 떠서 아이가 상상도 못한 그림을 그려주면 아이가 엄청 흥미로워 할 거예요. 아이가 "엄마 최고!"를 외치며 따라 그릴 때, 아이의 창의력도 한 단계 더 업그레이드됩니다. 모방은 창조의 어머니이며, 가장 좋은 선생님은 엄마입니다.

20

물감 없는 물감 놀이

아이들은 물감 놀이를 좋아하지만, 엄마는 물감 놀이가 부담스러울 수 있어요. 놀이를 위해 꺼내야 할 것들도 많고, 놀이 후 치워야 할 것들도 많기 때문이지요. 그럴 땐 물감이 아니어도, '색연필'과 '물'만으로도 욕구를 충족할 수 있어요!

♥ 준비물 ♥
신문지, 색연필,
크레파스, 붓, 물, 물통

놀이 효과 스트레스 해소 ★★★ 근력 ★★☆

붓은 연필보다 아이가 원하는 방향으로 통제하기 쉽기 때문에 붓에 물을 적셔 자유롭게 표현하면 아이는 편안함을 느낍니다. 글자 쓰기를 어려워하는 아이에게 붓 그리기는 성취감을 느끼기에 안성맞춤인 놀이지요. 자유롭게 그리면서 소근육도 기르고, 글자도 터득하는 일석이조 놀이를 즐겨보세요!

함께 만들어봐요~

1

상자나 쇼핑백,
신문지 등을 펼쳐요.

2

종이 위에 색연필로 그림을 그리고
물을 적신 붓으로 그림 위를 따라 그려요.

3

종이 위에 글자를 쓰고
물을 적신 붓으로 글자 위를 따라 써요.

4

마지막에는 종이 전체에
마음껏 그리고 붓으로 칠해요.

참~ 쉽죠?

이렇게 대화해보세요~

- 어떤 글자를 쓰고 싶어?
- 우리 가족 이름을 써볼까? 모르는 글자는 엄마가 알려줄게.
- 색연필 글자(그림) 위에 물을 올리니까 글자가 번진다~
- 우리 또 무슨 글자를 써볼까?
- '물'이 들어가는 단어는 뭐가 있을까?

이것만 주의하세요!

일상생활 속에서 아이는 생각보다 많은 것을 통제받습니다. 무엇을 할 때 안 된다는 주의를 받기도 하고, 시간에 쫓겨 다 못하는 일이 생기기도 해요. 붓 놀이는 자주 안 하기 때문에 이왕 놀 때 통제받지 않고 아이가 원하는 대로 마음껏 표현하게 해주세요.

표현력을 키우는 팁

아이들은 보통 물을 좋아합니다. 물로 할 수 있는 놀이가 어떤 것이 있는지, 비 오는 날의 기억이나, 수영장에서 놀았던 기억과 같이 물과 관련된 경험을 이야기하면서 대화를 이어가면 좋아요. 물과 관련된 경험에서 자연스럽게 질문을 만들어 대화한다면 아이의 입이 저절로 트일 거예요!

21

움직이는 인형 만들기

문구점에 가면 '할핀'이라는 재료가 있어요. 한 통 사두시면 아이들이 필요할 때마다 요긴하게 사용할 수 있답니다. 상상력을 조금만 발휘하면 인형, 공룡, 동물, 자동차 등 무엇이든 만들 수 있어요!

♥ 준비물 ♥
색상지, 색종이, 할핀, 가위, 테이프, 색연필

놀이 효과 집중력 ★★★ 근력 ★★☆

손끝의 감각에 집중해서 그림을 그리고, 가위로 오리면서 무언가를 만들면 아이의 집중력이 쑥쑥 자랍니다. 움직이는 완성품을 직접 보면 엄청난 성취감을 느끼기 때문에 아이의 자존감 형성에도 큰 도움이 됩니다.

함께 만들어봐요~

색종이에 그림을 그리고 오려요.
움직일 부분은 따로 그려요!

움직임이 필요한 곳(팔, 다리 등)에
할핀을 꽂아주세요.

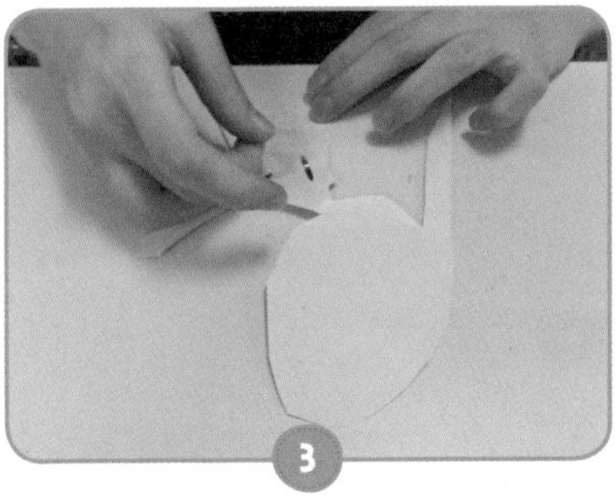

할핀을 꽂은 뒤편에
테이프를 붙여주세요.

색상지에 색연필로
배경을 꾸며요.

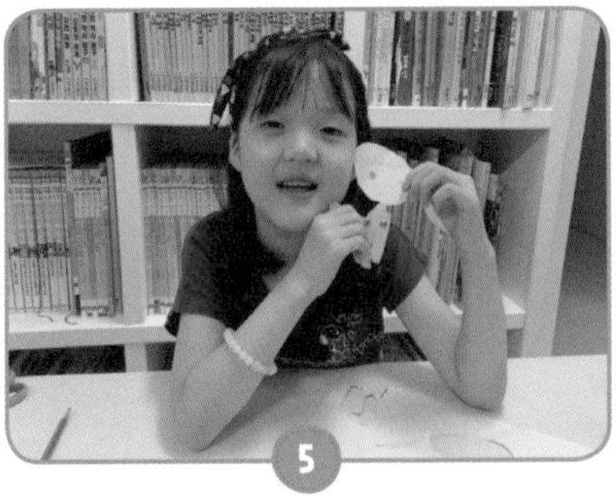

완성품으로 역할놀이를 하며
엄마와 놀아요.

이렇게 대화해보세요~

- 어떤 것을 만들어볼까?
  생각이 안 나면 좋아하는 그림책 속에서 골라볼까?
- 어떤 부분이 움직이면 좋을까?
- 다리가 움직이면 걸어다닐 수 있어서 좋겠다~
- 우와~ 진짜 움직이네!
- ○○(이)가 한 생명을 만들어주었구나.

이것만 주의하세요!

할핀을 몇 번 꽂아보면 아이가 혼자서도 할 수 있으니 가급적 스스로 하도록 이끌어주세요. 그래야 엄마 도움 없이도 주도적으로 놀 수 있어요. 할핀이 그다지 날카롭지는 않으나 혹시 모르니 안전하게 놀 수 있도록 옆에서 지켜봐주세요!

손의 힘을 기르는 팁

다양한 만들기 경험을 통해서 자연스럽게 손가락의 힘과 손끝의 감각이 길러집니다. 그러니 종이접기, 쓰기, 붙이기, 색칠하기, 오리기 등 가능한 아이가 혼자 할 수 있게 기회를 주세요.

22
종이 포일 그림판

주방에서 쓰는 종이 포일을 이용해서 그림판을 만들어요. 평소 좋아하는 그림책의 그림 위에 종이 포일을 대고 따라 그린 후 색칠만 하면 완성이에요. 재료만 살짝 바꿨을 뿐인데 아이들이 새로움을 느끼며 즐거워해요.

♥ 준비물 ♥
종이 포일, 연필, 지우개, 색연필

놀이 효과 집중력 ★★★ 관찰력 ★★☆

그림을 독창적으로 그리기 어려워하는 아이는 따라 그리면서 그림 그리는 방법을 알게 돼요. 따라 그린 그림을 응용해서 다른 그림으로도 표현할 수 있지요. 집중력과 관찰력이 자라는 효과가 있어요.

함께 만들어봐요~

그림책의 한 장면 위에
종이 포일을 올려요.

포일이 움직이지 않도록 잘 잡고,
비치는 그림을 따라 그려요.

색칠도 하고, 자유롭게 꾸며요.

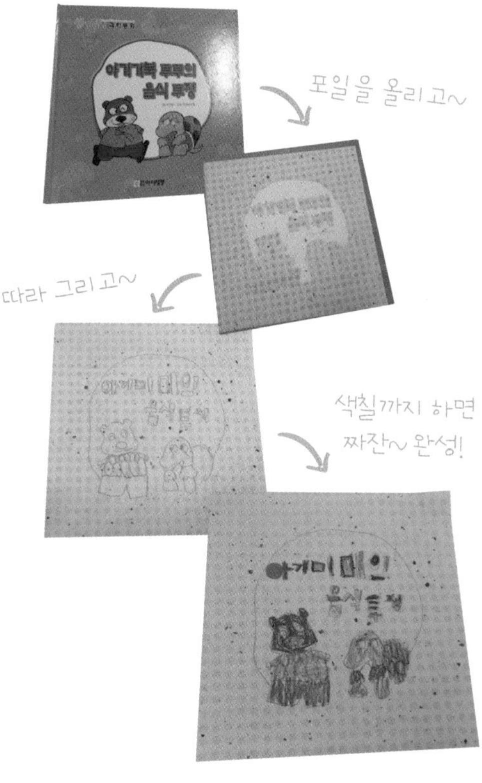

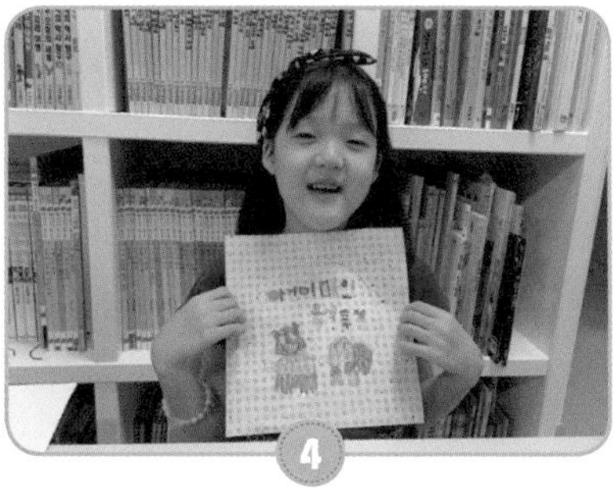

완성된 작품을 감상하며
이야기를 나누어요.

이렇게 대화해보세요~

- 이 그림을 선택한 이유는 뭐야?
- 잘 그려지는 것 같아? 어렵지는 않아?
- 또 무엇을 그리면 좋을까?
- 멋진 그림이 완성되었네? 정말 잘 그렸다!
- 색깔도 예쁘게 칠해주니 진짜 작품 같아!
- 어디에 걸어두면 좋을까?

이것만 주의하세요!

아이가 혼자 논다는 느낌이 드는 순간 의욕이 금방 사그라들어요. 엄마가 계속 말을 걸어주면서 놀면 아이가 어떤 생각을 하는지, 아이가 어떤 부분을 어려워하는지를 알 수 있답니다.

인내심을 기르는 팁

다른 손으로 종이 포일을 끝까지 잘 붙잡고 그릴 수 있도록 지도해주세요. 한 손은 종이를 잡고, 다른 한 손은 연필을 잡고 그림을 그리고, 눈은 그림에 집중하면서 천천히 따라 그리도록 이끌어주세요.

23 비닐봉지 풍선

일회용 비닐봉지에 바람을 불어넣어서 풍선처럼 부풀려요. 원하는 그림을 그려넣으면 자기만의 특별한 풍선이 완성돼요. 풍선에 끈을 달아 들고 다니거나, 멀리 날리면서 재밌는 놀이를 해요.

준비물
일회용 비닐봉지, 실, 테이프, 매직

놀이 효과 스트레스 해소 ★★★ 친밀감 ★★☆

비닐을 가지고 놀면서 '가볍다'라는 의미를 직접 느낄 수 있어요. 납작한 비닐이 빵빵해지는 과정을 보면서 아이의 호기심이 자극되고 창작 욕구가 일어납니다. 엄마 아빠나, 형제자매와 함께 놀면서 친밀감과 협동심이 자라요.

함께 만들어봐요~

1

비닐봉지에 그림을 그려요.

2

무엇을 그렸는지 소개해요.

3

비닐 입구를 잘 모아 바람을 불어넣어요.

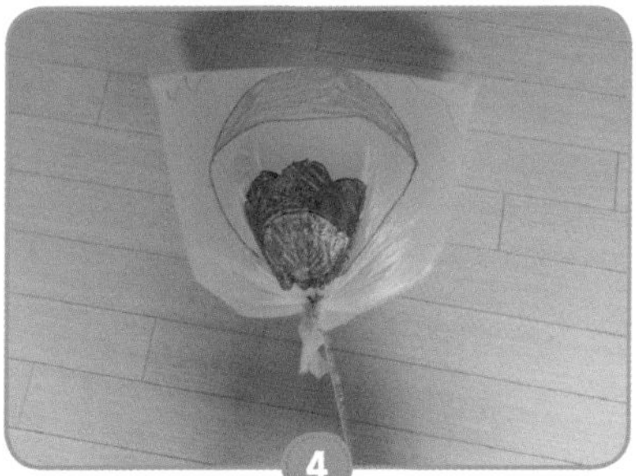

4

바람이 빠져나가지 않도록
입구를 막아주세요.

5

즐겁게 풍선 놀이를 해요.

이렇게 대화해보세요~

- 풍선에 어떤 그림을 그릴 거야?
- 숨을 불어넣으면 얼마나 빵빵해질까?
- 어디까지 높이 던질 수 있나 대결해볼까?
- 얼마큼 멀리 던질 수 있어?
- 30초 동안 풍선이 바닥에 닿지 않게 튕겨보자!

이것만 주의하세요!

놀이할 때 엄마가 아이보다 앞서서 "이제 그만하자"라고 말하는 경우가 의외로 많아요. 만드는 과정이 있었다면 즐겁게 놀이하는 과정도 충분히 있어야 합니다. 만족할 때까지 놀 수 있도록 시간을 확보해주세요.

자기조절력이 자라는 팁

많은 아이들이 놀이 중에 자기 마음대로 안 되면 "그만할래" 하고 토라져요. 그럴 때 아이의 감정을 읽어주고, 바로 그만두지 않도록 용기를 북돋아주면 위기를 넘기고 좀 더 편안해진 감정으로 돌아올 거예요. '한번 참으니 기분이 좀 나아지네'라고 생각하면서 자기조절력이 자라요.

24

마음을 보는 망원경

다 쓰고 버린 휴지심을 이용해서 특별한 망원경을 만들 수 있어요. 바로 마음을 보는 망원경이랍니다. 아이가 직접 그림을 그리고, 글자를 적은 망원경이기 때문에 애착을 갖고 좋아하는 장난감이에요.

♥ 준비물 ♥
휴지심 2개, 색종이, 가위, 양면테이프, 꾸밈도구

놀이 효과 소통능력 ★★★ 친밀감 ★★☆

일상에서 흔히 쓰는 물건이 장난감으로 변하면 아이들은 더 친숙하게 느끼고 금방 흥미를 느낍니다. 쉽게 버릴 수 있는 휴지심을 망원경으로 만드는 과정에서 아이의 상상력과 창의력이 자라요.

함께 만들어봐요~

1

망원경을 만들면 어떻게 사용할지
이야기를 나누어요.

2

색종이를 오리고, 양면테이프를
이용해서 휴지심을 감싸요.

3

양면테이프로 휴지심 2개를
나란히 붙여요.

4

'마음을 보는 망원경'이라고 쓰고,
그림을 그려서 꾸며요.

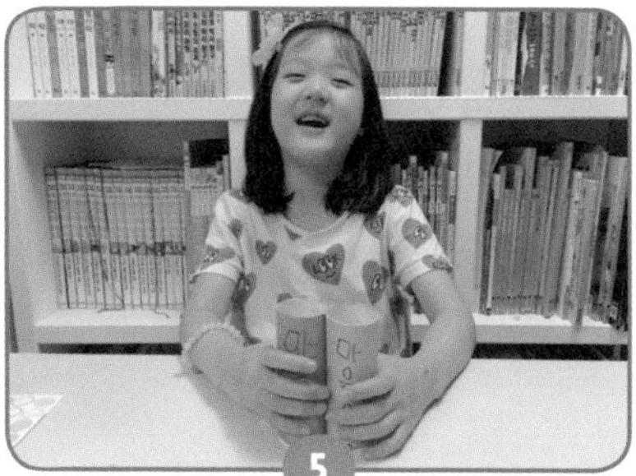

5

망원경으로 어떤 마음이 보이는지
이야기를 나누어요.

마음을 보는 망원경
완성!

이렇게 대화해보세요~

- 망원경은 어떤 걸 자세히 볼 때 사용하는 도구야.
- 우리 서로의 마음을 보고 싶을 때 쓸 수 있는 망원경을 만들어보자!
- 어떤 색으로 만들어볼까? 무슨 색 망원경을 갖고 싶어?
- 양면테이프는 이렇게 손으로 분리할 수 있어.
- 눈에 꼭 맞는 망원경이 완성됐네!
- 엄마의 마음속이 보여? 어떤 마음인 거 같아?
- ○○(이)의 마음을 볼까? 엄마를 사랑하는 마음이 가득 있네!

이것만 주의하세요!

엄마가 해주면 간단한 일도 아이가 직접 하려면 시간이 더 필요하지요. 기다리는 순간이 때론 지루하고 답답하게 느껴질지라도 아이를 차분하게 기다려주세요. 시간이 점점 줄어들 것을 믿으면서요.

자기주도력이 자라는 팁

색종이를 휴지심 길이만큼 자를 수 있도록 연필로 표시하는 것부터 휴지심에 감싸는 과정까지 아이가 직접 할 수 있게 이끌어주세요. 작은 경험들이 쌓일수록 아이의 주도력이 쑥쑥 자란답니다.

25

일회용 숟가락 화분

집에서 무엇을 해야 할지 모를 때 집에 있는 일회용품을 찾아보세요. 생각보다 일회용 숟가락이 정말 많아요. 사용 후 버리려고 했던 숟가락들을 깨끗이 씻어 활용하면 재밌는 장난감이 탄생합니다. 나만의 화분을 만들어보아요!

♥ 준비물 ♥
일회용 숟가락, 종이,
테이프, 꾸밈도구

놀이 효과 창의력 ★★★ 집중력 ★★☆

몇 가지 재료를 가지고 스스로 생각하며 만드는 즐거움을 느낄 때 창의력과 집중력이 쑥쑥 자라요. 머릿속으로 생각한 것을 직접 시도하면서 작은 실패를 겪을지라도 좌절하지 않는 마음 근육도 키울 수 있습니다.

함께 만들어봐요~

1
종이 위에 상자를 잘라
화분을 만들어서 붙여요.

2
화분에 숟가락을 꽂고
눈 스티커를 붙여요.

3
숟가락에 꽃잎을 그리고,
배경을 예쁘게 꾸며요.

4
완성된 작품을 감상하며
무엇을 표현했는지 이야기를 나누어요.

이런 것도
만들 수 있어요!

제 숟가락 꽃
예쁘죠?

이렇게 대화해보세요~

- 오늘은 시들지 않는 나만의 화분을 만들어보자!
- 숟가락도 멋진 꽃이 될 수 있어.
- 숟가락 꽃에 예쁜 꽃잎을 그려줄까?
- 꽃들이 정말 행복해보인다~ 주변도 예쁘게 꾸며주자!
- 멋진 작품이 되었네? 어디다 걸어둘까?

이것만 주의하세요!

다 쓴 일회용품은 버리지 말고 깨끗하게 씻은 후 한곳에 모아두고, 아이가 심심해할 때마다 꺼내 활용하면 편해요.

손의 힘을 기르는 팁

풀과 가위, 테이프를 자유자재로 다룰 줄 아는 것이 중요해요. 예를 들어 풀 같은 경우는 얼마큼 힘을 조절해서 짜야 하는지, 넓은 면은 어떻게 바르는지, 다 쓰고 난 뒤 뚜껑은 어떻게 닫아야 하는지와 같은 것들을 놀이 과정에서 자연스럽게 습득할 수 있습니다. 초등학교 입학 후 멀뚱히 앉아서 뭘 해야 할지 모르는 아이가 되지 않도록 미리 기본적인 기술을 익혀요.

26

풍성한 털실 구름

털실을 이용하면 촉감과 시각을 자극하는 재밌는 놀이가 탄생합니다. 수세미용 아크릴 실이나 일반 털실 등 편한 것을 이용하면 돼요. 털실을 풍성하게 뭉쳐서 구름을 만들 수도 있어요.

♥ 준비물 ♥
종이, 털실, 풀, 꾸밈도구

놀이 효과 관찰력 ★★☆ 창의력 ★★★

털실을 이리저리 뭉쳐보고 늘어뜨리면서 다양한 모양을 만드는 과정을 통해 관찰력과 창의력이 자라요. 자주 접하지 못했던 재료를 이용하면 아이가 더 능동적으로 놀이에 임하기 때문에 스스로 이뤄내면서 성취감을 느낄 수 있어요. 털실을 늘려보면서 길이에 대한 개념도 익힐 수 있답니다.

함께 만들어봐요~

1

준비된 털실을 뭉쳐보고 늘어뜨리면서
촉감을 이야기해요.

2

털실 구름 위에 올리고 싶은
그림을 그리고 색칠해요.

3

그림을 천천히 오려요.

4

털실 구름 위에 그림을 붙여요.

5

그 밖에 꾸미고
싶은 부분을 꾸며요.

털실 구름 위에
새들이 놀러왔어요~

이렇게 대화해보세요~

- '얇다' '거칠다' '길다' '포근하다' '간지럽다' '부드럽다' 등의 느낌 표현을 자주 언급해요.
- 얼굴에 닿으면 어떤 느낌이야?
- 털실이 푹신해서 진짜 구름 같다~
- 이거는 무엇을 그린 거야?
- 그림이랑 털실 구름이랑 너무 잘 어울리는걸?

이것만 주의하세요!

털실은 가볍고, 색깔이 다양해서 아이들이 만지고 활용하기에 좋은 재료예요. 놀이를 통해 재료를 마음껏 만질 기회를 주세요. 남은 털실은 놔뒀다가 아이들과 자주 놀이 시간을 가지면 됩니다.

창의력이 자라는 팁

털실을 이용한 만들기는 아이에 따라 얼마든지 창의적으로 표현이 가능해요. 털실 구름이 아니어도 아이가 원하는 대로 어떤 것이든 표현할 수 있게 이끌어주세요. 또한 털실을 이용한 뜨개질 놀이는 아이들의 기억력 증진과 두뇌발달에 많은 도움이 됩니다.

27

달걀 껍데기 그림판

달걀 요리를 하고 남은 껍데기로 재밌는 놀이를 할 수 있어요. 달걀을 삶기 전에 겉면을 물로 닦고 소금을 넣어 끓이면 위생 면에서도 부담 없이 사용할 수 있지요. 껍데기를 잘게 부숴서 멋진 작품을 만들어보아요!

♥ 준비물 ♥
달걀 껍데기, 종이, 풀, 꾸밈도구

놀이 효과

스트레스 해소 ★★☆ 집중력 ★★★

달걀 껍데기의 부드러운 면과 거친 면, 껍데기의 모양과 색깔 등을 관찰하면서 관찰력과 집중력을 높일 수 있어요. 껍데기를 부수는 과정은 촉감과 시각을 자극하여 인지발달에 큰 도움이 된답니다.

함께 만들어봐요~

달걀 껍데기를 부수거나 으깨면서
촉감을 말해요.

종이에 달걀 껍데기를 붙일 자리를
생각하며 그림을 그려요.

풀을 이용해서 달걀 껍데기를 붙여요.

어떤 부분에 껍데기를 붙였는지
작품을 보며 이야기를 나누어요.

작품을 보면서 서로 다르게
표현한 것들을 비교해보아요.

이렇게 대화해보세요~

- 달걀 껍데기를 만져보니 겉면은 거칠거칠하네! 안에는 어떤 느낌이야?
- 껍데기를 한번 으깨볼까? 어떤 소리가 나?
- 만졌을 때 따가운 느낌이 드는 곳은 어디야?
- 달걀로 만든 요리 중에서 무엇을 가장 좋아해?
- 어디에 껍데기를 붙이면 좋을까?
- 어디에 껍데기를 붙였는지 서로 비교해보자~

이것만 주의하세요!

달걀을 삶았을 때 서툴더라도 아이가 직접 껍데기를 벗기게 해주세요. 재료 준비와 같이 작은 것부터 아이가 직접 참여하면 재미는 배가 된답니다!

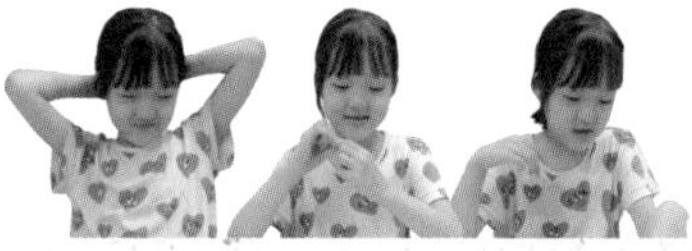

손의 힘을 기르는 팁

손이나 도구를 이용하여 껍데기를 부수면서 소근육의 힘을 키울 수 있어요. 껍데기가 점점 작은 조각으로 변할 때 힘을 얼마나 조절해야 하는지 아이 스스로 터득하면 좋겠지요?

28

찻잎으로 글자 쓰기

집에 있는 티백을 이용해서 글자를 만들 수 있어요. 티백 안에 들어 있는 찻잎으로 글자를 만들면 촉감놀이에도 유용해요. 풀로 글자를 쓰면서 글자 모양을 익힐 수도 있고요. 찻잎의 그윽한 향기로 향긋한 놀이 시간을 즐겨보세요~

♥ 준비물 ♥
티백 10~20개, 가위, 풀, 종이, 그릇

놀이 효과 스트레스 해소 ★★★ 공감력 ★★☆

아이들은 어릴 때부터 가루 종류를 만지는 것을 무척 좋아해요. 마구 만지면서 스트레스를 풀 수 있기 때문이지요. 촉각과 후각을 자극하는 찻잎 놀이는 아이들의 정서 발달에도 좋은 영향을 줍니다.

함께 만들어봐요~

1

티백을 뜯어서
그릇 안에 찻잎을 모아요.

2

찻잎에 어떤 냄새가 나는지,
어떤 촉감인지 이야기를 나누어요.

3

종이에 풀로 글자를 써요.

4

글자 위에 찻잎을 뿌리고,
잘 묻도록 손으로 꾹꾹 눌러요.

5

종이를 세워 찻잎을 털어요.

6

어떤 글자가 나타났는지 확인해보아요.

이렇게 대화해보세요~

- 찻잎을 손으로 만져보니까 어떤 느낌이야?
- 어떤 향이 나는 것 같아?
- 이 가루를 이용해서 마법의 글자를 표현할 거야.
  어떤 글자를 쓰고 싶은지 생각해보자.
- 풀을 칠하고, 가루를 뿌리면 마법처럼 글자가 나타나네!
- 어떤 글자를 만들었는지 이야기해줄래?

이것만 주의하세요!

아이들이 어릴수록 찻잎을 이리저리 흘릴 거예요. 치우는 것에 연연하지 마시고 놀이하는 순간에는 아이들과 같은 마음으로 교감해주세요.

손의 힘을 기르는 팁

엄지와 검지를 이용해서 찻잎을 뿌리면서 손의 힘이 자라요. 소근육 발달은 유아교육에 있어 첫 번째 발걸음입니다. 두 손가락으로 가루를 모아서 종이 위를 헬기처럼 지나가며 뿌려보아요. 여러 방향과 속도, 가루의 양을 조절하며 힘을 조절하게 합니다. 이를 통해 자기조절력도 키울 수 있어요.

29

찻물로 글자 쓰기

찻잎으로 글자 쓰기 놀이를 하고 남은 가루를 그대로 버리기는 너무 아깝지요. 모아 뒀다가 물에 찻잎을 넣으면 '찻물'로 글자를 쓸 수 있어요. 붓을 이용해서 찻물로 글자를 쓰거나 그림을 그리는 색다른 경험을 할 수 있답니다!

♥ 준비물 ♥
티백, 붓, 물통, 종이

놀이 효과 스트레스 해소 ★★☆ 관찰력 ★★★

물감 놀이와는 또 다른 즐거움을 느낄 수 있어요. 촉각과 후각과 시각을 자극함으로써 아이의 호기심을 충족하며, 창의력 발달에 도움을 준답니다. 평소에는 하지 못한 재밌는 방법으로 글자를 쓰면, 쓰기에 대한 거부감을 줄일 수 있어요.

함께 만들어봐요~

물이 담긴 물통에
찻잎을 넣고 잘 저어주세요.

찻잎이 우러날 동안 녹차 한 잔을 마시며
어떤 향과 맛이 나는지 이야기해요.

붓을 이용해서 종이에 글자를 써요.

몇 분이 지나면 찻잎의 색이 우러나서
글자가 좀 더 진해져요.

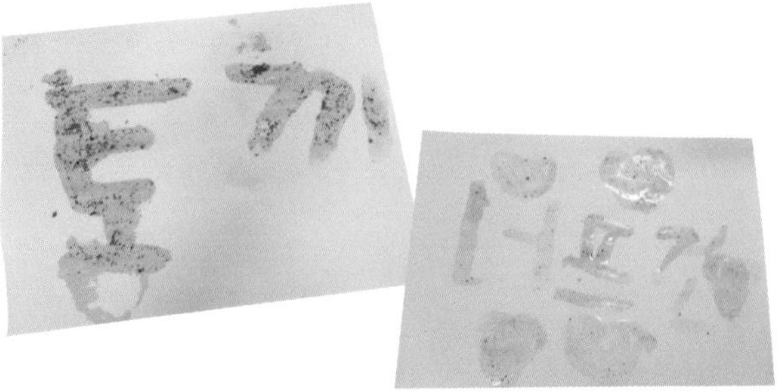

이렇게 대화해보세요~

- 차에서 어떤 색이 우러났지?
- 차에서 어떤 향기가 나?
- 어떤 글자를 쓰면 좋을까?
- 엄마에게 하고 싶은 말을 써볼까?

이것만 주의하세요!

아이가 호기심에 차를 맛볼 수도 있지만, 낯선 것을 싫어하는 아이는 한 모금도 안 마실 수 있어요. 그럴 땐 강요하지 말고, 엄마가 기분 좋게 마신 후 다음에는 같이 마시자고 말해주세요. 다른 방법으로는 녹차를 우린 물에 반신욕을 하거나 발을 담가보면서 녹차 향을 느껴도 좋아요. 아이가 거부감이 들어 싫다는 감정이 들었을 때 그냥 넘어가 버리면 싫은 감정이 끝까지 남게 돼요. 다른 경험을 만들어준다면 아이에게는 좋은 추억으로 남을 수 있습니다!

손의 힘을 기르는 팁

붓은 힘의 조절을 필요로 하기 때문에 아이의 소근육 발달에 큰 도움이 됩니다. 평소에 자주 사용하는 연필과는 또 다른 느낌을 받으면서 자기조절력도 키울 수 있어요. 붓을 사용하다가 손가락으로도 찻물을 찍어서 글을 쓰게 해보세요. 색다른 즐거움을 느끼며 손가락에 집중하는 동안 자연스럽게 힘 조절을 할 수 있게 됩니다.

30

나무젓가락 작품 만들기

일회용 나무젓가락을 모아두었다가 한 번씩 놀이할 때 써보세요. 나무 질감을 표현할 때 나무젓가락이 좋은 재료가 될 수 있어요. 아이들의 상상력과 창의력이 과연 어떤 것을 만들어낼까요?

♥ 준비물 ♥
나무젓가락, 양면테이프,
목공 풀, 종이, 매직

놀이 효과 근력 ★★☆ 창의력 ★★★

아이는 나무의 질감을 느끼면서 어떤 것을 만들지 상상력을 발휘해요. 나무가 가진 촉감과 특유의 향이 아이의 오감을 자극하여 두뇌발달에 도움을 주지요. 나무 길이와 모양을 조절하는 과정에서 창의력이 자라요.

함께 만들어봐요~

무엇을 만들지 생각하고
종이 위에 양면테이프를 붙여요.

양면테이프 위에
나무젓가락을 붙여요.

젓가락을 매직으로 꾸며요.

완성된 작품을 보며
무엇을 표현했는지 이야기를 나누어요.

악당을 물리치는
해적선 완성~!

이렇게 대화해보세요~

- 나무젓가락을 만져보니 어떤 느낌이 들어?
- 우리 집 안에 나무로 만들어진 것이 무엇이 있을까?
- 나무젓가락으로 만들 수 있는 것이 무엇이 있을까?
- 오늘 만들고 싶은 것은 뭐야?
- 정말 멋진 작품이 됐다! 어떻게 이런 생각을 했어?
- 이 부분은 무엇을 표현한 거야?
- 와~ 젓가락을 이용해서 이렇게 근사하게 표현을 했구나.
- 나무젓가락을 총 몇 개 사용했는지 같이 세어볼까?

이것만 주의하세요!

양면테이프 접착제 탈부착, 나무젓가락 포장지 벗기기, 원하는 곳에 알맞게 붙이기 등 아이가 혼자서 하기 어려운 일들은 엄마의 도움이 필요할 수 있어요. 그렇다고 엄마가 모든 걸 다 해주지 말고 직접 하도록 이끌어주고, 모든 과정에 진심 어린 칭찬으로 격려해주세요.

손의 힘을 기르는 팁

나무젓가락 분리하기, 나무젓가락 반으로 부러뜨리기 등 모든 과정에서 손의 힘을 기를 수 있습니다. 아이가 다치지 않는 선에서 직접 할 수 있도록 이끌어주세요!

오늘의 놀이 쿠폰

오늘 하고 싶은 놀이를 선택해서 예쁘게 오려 엄마 아빠에게 제출해보아요.
사용한 놀이 쿠폰은 한곳에 보관해두었다가 또 놀고 싶을 때 사용해요!

두루마리 휴지 구름 (66쪽)	그림과 글자 매치하기 (69쪽)	눈 스티커 활용하기 (72쪽)
파스텔로 그림 그리기 (75쪽)	물감 없는 물감 놀이 (78쪽)	움직이는 인형 만들기 (81쪽)
종이 포일 그림판 (84쪽)	비닐봉지 풍선 (87쪽)	마음을 보는 망원경 (90쪽)
일회용 숟가락 화분 (93쪽)	풍성한 털실 구름 (96쪽)	달걀 껍데기 그림판 (99쪽)
찻잎으로 글자 쓰기 (102쪽)	찻물로 글자 쓰기 (105쪽)	나무젓가락 작품 만들기(108쪽)

PART 3

관찰력이 자라는 만들기

31

알록달록 비빔국수

아이들은 요리하는 것을 좋아해요. 요리 경험은 아이의 호기심을 만족시키며 두뇌 개발에도 좋습니다. 진짜 국수 소면을 마음껏 만지면서 국수를 완성할 수 있도록 안전하고 다루기 쉬운 요리 재료를 아이에게 건네주세요.

♥ 준비물 ♥
국수 소면, 그릇, 색종이, 가위

놀이 효과

관찰력 ★★☆ 친밀감 ★★★

아이들은 '진짜'를 가지고 놀면서 호기심을 충족합니다. 국수가 잘 부러진다는 것을 알고, 가느다랗다는 느낌을 느끼고, 직접 먹어보기도 하면서 촉감과 통각을 자극받기 때문에 아이의 표현력이 자라고, 인지발달에 영향을 줍니다.

함께 만들어봐요~

1
국수를 만져보고
적당한 길이로 끊어보세요.

2
어떤 맛인지 먹어보고,
맛을 표현해요

3
아이에게 국수 요리를
만들어달라고 주문해요.

4
색종이를 오려
고명으로 얹을 장식을 만들어요.

5
비빔국수 위에 고명을 올리고
예쁘게 담아 손님을 초대해요.

오늘은 내가
비빔국수 요리사~!

이렇게 대화해보세요~

- 만드는 데 몇 분 정도 걸릴까요? 배가 너무 고파요~
- 이 음식의 이름은 무엇인가요?
- 이 음식은 어떤 맛이에요?
- 정말 맛있네요~ 한 그릇 더 먹고 싶은데 또 만들어주실 수 있나요?
- 어떻게 만들었어요? 비법이 궁금해요.
- 손님 여러분, 줄을 서세요!
- 또 초대하고 싶은 사람은 없나요?

이것만 주의하세요!

위생과 청결에 신경 쓴 나머지 아이의 놀이 활동에 제약을 주지 않게 주의해주세요. 놀이할 때에는 놀이에만 집중하도록 핸드폰 확인이나 텔레비전 시청 등 다른 데 주의를 빼기지 않게 해주세요. 놀이 시간만큼은 엄마와 오롯이 함께해야 합니다.

소통능력을 키우는 팁

초대 손님을 준비하세요. 아이가 잘 아는 사람, 캐릭터 인형, 공룡이나 자동차 장난감 등 뭐든 다 괜찮아요. 점원과 손님 역할놀이를 하면서 많은 이야기를 하게 될 거예요. 아이가 정말 즐거울 때는 평소보다 말을 훨씬 더 많이 합니다. 그때 엄마의 역할은 경청해서 잘 듣고, 적절한 질문으로 계속해서 대화를 이끌어가는 것입니다.

32

색종이 신발 만들기

바깥에 나가지 못해 답답한 아이는 하루 종일 "엄마 놀아줘!" 하고 보채지만, 막상 엄마는 바빠서 못 놀아줄 때가 많아요. 이때 색종이 신발이 아이를 놀이의 세계로 데려다줄 수 있도록 주문을 외워볼까요? "신발아, 나를 바다로 데려다 줘!"

놀이 효과 자신감 ★★☆ 친밀감 ★★★

아이는 신발이 완성되는 과정을 보면서 성취감을 느껴요. 일상 속에서 작은 성취가 쌓여갈 때 아이의 자존감과 자신감도 함께 자란답니다. 발 크기의 모양에 맞게 종이를 재단하면서 관찰력과 집중력이 늘어요.

함께 만들어봐요~

1

색지 위에 발을 올리고
신발의 크기와 모양을 가늠해요.

2

색지를 발에 꼭 맞게 감싸고
테이프로 고정해요.

3

신발에 원하는 무늬를 그리고,
스티커로 꾸며요.

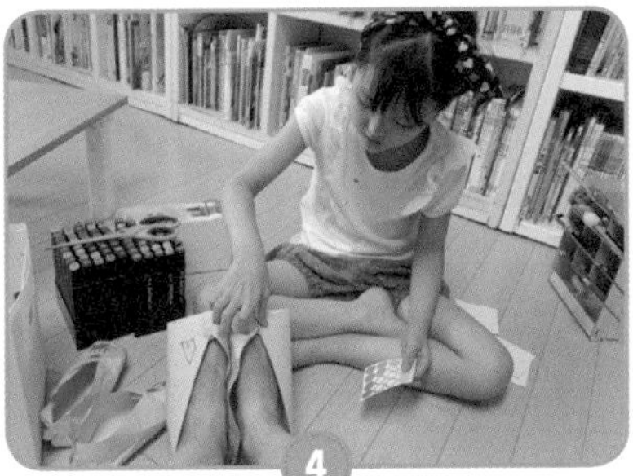

4

엄마의 신발도
아이가 직접 만들어요.

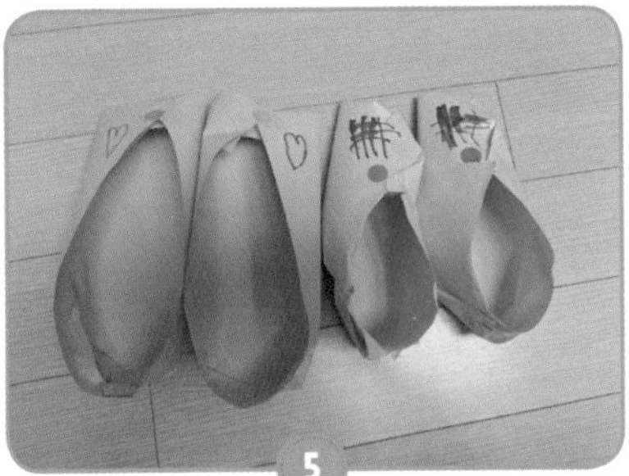

5

완성된 신발을 신고,
엄마와 함께 집 안을 걸어요.

이렇게 대화해보세요~

- 저는 발이 편한 리본이 달린 신발을 갖고 싶어요.
- 저는 파란색 신발을 갖고 싶어요. 끈이 달려 있는 운동화로 부탁해요.
- 저는 빨간 구두를 사러 왔어요. 하트 그림이 그려져 있으면 좋겠어요.
- 이 신발은 얼마인가요?
- 감사합니다. 정말 맘에 들어요!
- 예쁜 신발 만들어주셔서 정말 감사해요. 너무 기뻐요!

이것만 주의하세요!

멋지게 만드는 것보다 중요한 것은 아이가 놀이에 몰입하는 순간입니다. 몰입력의 차이는 아이마다 다르기 때문에 최대한 집중해서 놀이에 빠질 수 있도록 이끌어주세요.

집중력이 자라는 팁

신발 가게 점원과 손님 역할놀이를 하면 아이가 흥미를 잃지 않고 끝까지 놀이에 집중할 수 있어요. 엄마가 손님이 되어서 아이에게 어떤 신발을 원하는지 말해주고, 요구에 맞게 만들 수 있게 재미를 더해주세요. 그러면 아이는 상황에 몰입해 최선을 다해서 만들 거예요!

33

나만의 풍선 만들기

시중에 파는 풍선을 살 수도 있지만, 아이가 풍선을 직접 만들면 즐거움이 배가 됩니다. 또한 풍선의 원리와 특징에 대해서도 이야기를 나눌 수 있어요. 무엇보다 가장 좋은 점은 아이가 직접 만든 나만의 풍선이 탄생한다는 것이죠!

♥ 준비물 ♥
일회용 비닐, 빨대, 테이프, 매직

놀이 효과 친밀감 ★★☆ 자기조절력 ★★★

아이들은 비닐에 숨을 불어넣었을 때 풍선처럼 부푸는 것을 보면 엄청 즐거워합니다. 아마 아이가 여러개 만들자고 할 거예요. 하지만 여러 개 불다 보면 힘들어합니다. 그때 엄마가 힘껏 대신 불어주면 아이가 더 즐거워해요. 서로 풍선을 불고 놀면서 친밀감이 상승합니다.

함께 만들어봐요~

1

비닐을 펼쳐서
매직으로 그림을 그리고 꾸며요.

2

어떤 것을 표현했는지
이야기를 나누어요.

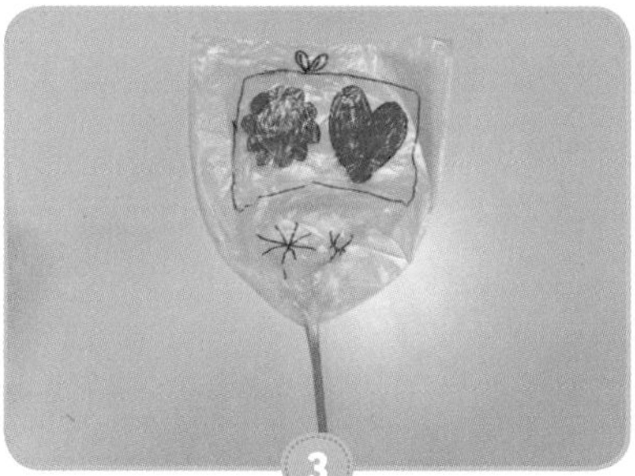

3

비닐 안에 빨대를 넣어
테이프로 단단히 고정해요.

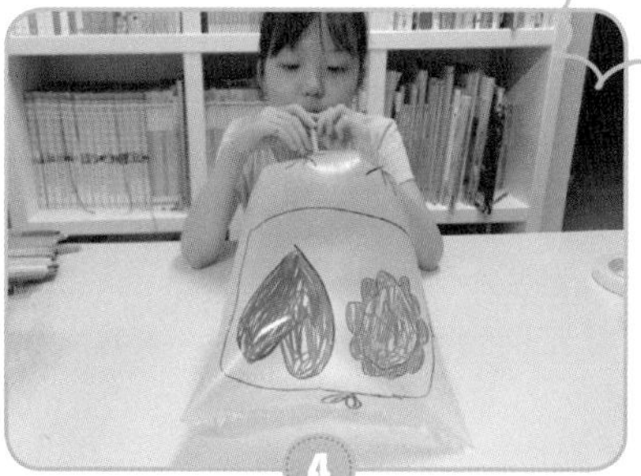

4

빨대로 바람을 후후 불어넣으면
비닐이 점점 커져요.

5

잘 고정한 풍선을 던져 보고,
띄워보면서 놀아요.

이렇게 대화해보세요~

- 비닐에 그림을 그려보자.
- 무슨 그림을 그릴 거야?
- 잘 그렸다! 뭘 그린 거야?
- 여기에 빨대를 끼우고 후후 불면 풍선이 빵빵해질 거야.
- 점점 풍선이 커진다! 신기하다!
- 그림을 그려서 특별한 나만의 풍선이 되었네.
- 풍선으로 어떤 놀이를 해볼까?

이것만 주의하세요!

풍선에서 바람이 새면 테이프로 다시 고정해주세요. 바람이 새지 않게 만드는 것까지 놀이의 과정입니다. 직접 만들면서 겪는 시행착오 과정도 모두 중요합니다. 작은 실패와 실수에도 크게 낙담하는 아이들이 있습니다. 실수는 당연히 일어날 수 있으니 다시 하면 된다는 용기를 심어주세요.

협동력이 자라는 팁

대부분 놀이 과정에서 필요한 것은 비슷합니다. 엄마가 만드는 과정을 즐겁게 중계하는 것과 아이의 행동에 크게 반응해주는 겁니다. 중간중간 엄마가 도와줄 것이 있나고 물어보면서 최대한 아이 스스로 무언가를 완성할 수 있게 해주면 자연스럽게 협동이 무엇인지 알게 됩니다.

34

수수깡 작품 만들기

놀고 남은 수수깡은 처리하기가 참 애매하죠. 그럴 땐 작게 조각을 내면 여러 가지 방법으로 놀이를 할 수 있어요. 수수깡은 알록달록하기 때문에 어디든 붙이기만 하면 멋진 작품이 완성된답니다.

♥ 준비물 ♥
수수깡, 가위, 물풀, 스케치북, 색연필

놀이 효과 자기조절력 ★★☆ 표현력 ★★★

알록달록한 수수깡으로 놀이를 하면 시각이 자극되어서 아이의 정서발달에 도움이 됩니다. 작은 조각들을 손으로 잡아 종이에 붙이는 과정에서 손의 힘을 기를 수 있어요. 수수깡을 만져보면서 색깔을 익히고, 좋아하는 색에 대해서 이야기를 나눌 수 있습니다.

함께 만들어봐요~

1

수수깡을
납작하게 잘라요.

2

스케치북에
수수깡을 붙일 그림을 그려요.

3

물풀을 바르고
수수깡을 붙여요.

4

완성된 작품을 보며
이야기를 나누어요.

남은 수수깡은
휴지심에 붙여
연필 꽂이로 만들어요~

이렇게 대화해보세요~

- 여기서 무슨 색깔이 제일 좋아?
- 이 색깔이 왜 좋아?
- 여기는 무슨 색깔 수수깡을 붙이면 어울릴까?
- 우와 알록달록하니까 너무 예쁘다!
- 이 그림을 설명해줄 수 있어?

이것만 주의하세요!

수수깡을 납작하게 만들어놓으면 꺼내 놀다가 바닥에 떨어뜨리는 경우가 많아요. 치우느라 짜증을 낸다거나 아이에게 청소에 대한 부담을 주면 놀이할 때 스트레스가 돼요. 노는 동안에는 부담 없이 놀이에 전념하게 만들어주세요.

자기조절력이 자라는 팁

수수깡을 만지다 보면 정전기로 인해서 수수깡끼리 붙거나, 손가락에 들러붙기도 해요. 바닥에 떨어지기도 하고 옷에 들러붙기도 하고요. 때로는 수수깡이 담긴 용기를 쏟을 수도 있어요. 예상치 못한 상황에서 짜증이 나거나 불편한 상황이 생길 때 엄마가 먼저 긍정적으로 대처해주세요. 아이도 엄마의 반응에 따라서 자기조절력을 배운답니다.

35

우산 비닐 인형

쉽게 접할 수 있는 일상의 재료들을 마음껏 사용하고 만지는 경험이 아이들에게는 호기심 충족이 되고, 인지발달에 좋은 영향을 줍니다. 일회용 비닐이나 택배 완충제로 쓰이는 비닐을 이용해서 인형을 만들어보세요.

♥ 준비물 ♥
비닐, 매직, 색상지, 가위, 실, 빨대, 테이프

놀이 효과 협동심 ★★☆ 언어능력 ★★★

마트에서 파는 인형보다 애착감이 생겨 어떤 것을 소중히 생각하는 감정을 배울 수 있어요. 직접 만든 작품에 의미를 부여하면서 자신의 노력으로 비닐이 다른 모습으로 변해갈 때 성취감과 자신감을 느낄 수 있어요.

함께 만들어봐요~

1

인형의 모습을 상상하며
매직으로 그림을 그려요.

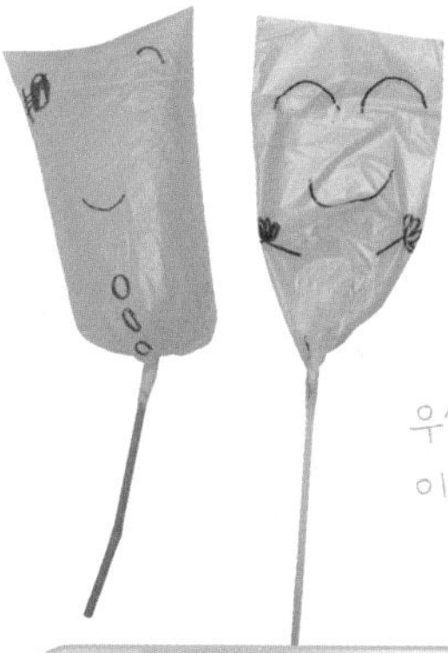

우산 비닐이
이렇게 변신했어요!

2

비닐에 빨대를 연결하여
바람을 불어넣어요.

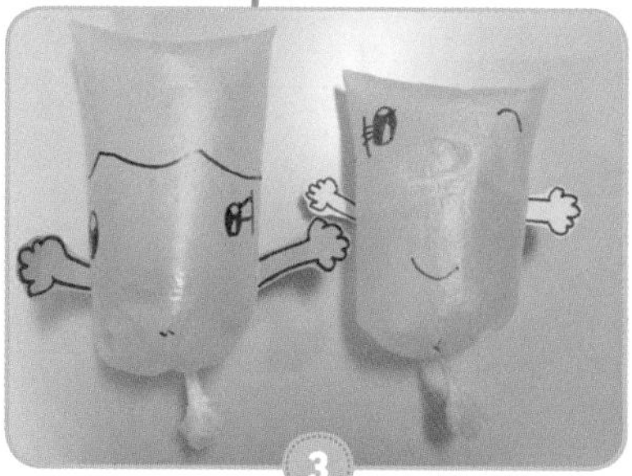

3

색상지를 오려
풍선에 팔다리를 붙여요.

4

여러 개 만들어서
같이 인형놀이를 하며 놀아요.

이렇게 대화해보세요~

- 예쁜 눈동자가 만들어졌네!
- 이제 코랑 입도 그려볼까?
- 팔을 붙이니까 더 멋있어졌다!
- 우리 같이 인형놀이하자~
- 안녕? 친구야, 너는 이름이 뭐야?
- 나는 노는 것을 좋아해. 우리 뭐하고 놀까?
- 네가 사는 집을 소개해줄 수 있어?

이것만 주의하세요!

엄마는 항상 아이의 표정과 감정, 만드는 과정을 관심 있게 지켜봐주세요. 아이들은 엄마가 지켜보는 가운데에서 성취감을 느끼는 것을 좋아합니다. 모든 과정을 중계하듯이 엄마의 언어로 계속해서 표현해주세요.

소통능력을 키우는 팁

인형을 들고 가족을 소개하거나 집 구경하기 등 인형을 통해 궁금한 것을 물어보고, 아이에게 답을 듣는 대화를 이어가세요. 그동안 몰랐던 아이의 생각을 알게 되는 기회가 될 거예요.

36

카드막대 만들기

빨대는 아이들에게 너무나 익숙한 도구지요. 빨대와 종이를 이용해서 카드막대를 만들고 카드를 나열해서 재밌는 문장을 지어보아요. 예상치 못한 재밌는 문장들이 만들어질 거예요!

♥ 준비물 ♥
색상지, 빨대, 테이프, 매직, 컵 3개

놀이 효과 언어능력 ★★★ 소통능력 ★★☆

문장의 구조를 이해하고 문장을 만들면서 언어능력이 쑥쑥 자라요. 단어에 따라 달라지는 문장을 소리 내어 읽으면서 표현력도 같이 늘 수 있어요. 엉뚱한 단어를 껴서 흉내 내며 읽으면 재미가 배가 돼요!

함께 만들어봐요~

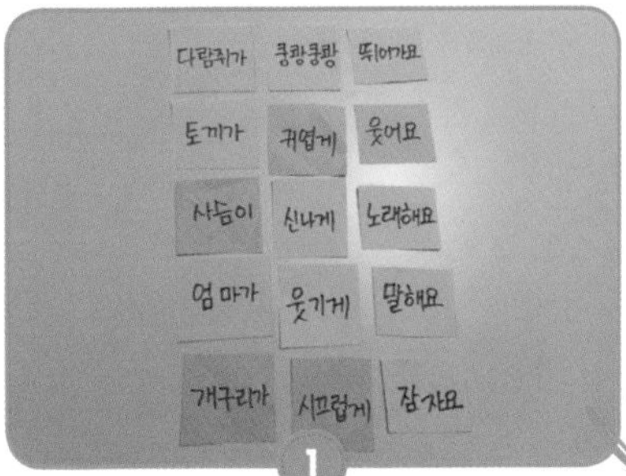

1

종이를 오리고 '누가' '어떻게' '~했다'에
해당하는 단어를 적어요.

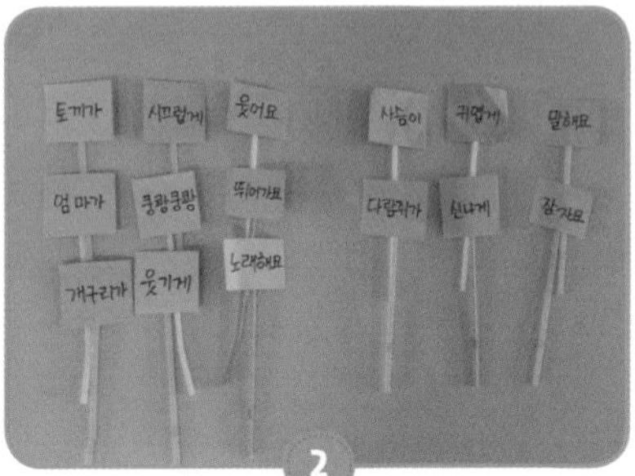

2

카드에 빨대를 붙여
손잡이를 만들어요.

3

카드막대를 종류별로
3개의 컵에 담아주세요.

4

아이가 표현하고 싶은 대로
카드막대를 뽑아서 함께 소리 내어 읽어요.

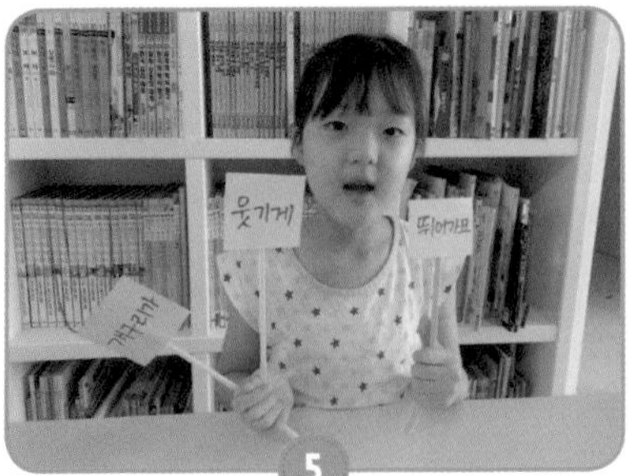

5

단어를 바꾸면 내용이
어떻게 달라지는지 알아보아요.

이렇게 대화해보세요~

- ○○(이)가 만든 문장을 같이 읽어보자~
- 재밌는 문장이 완성되었네.
- '깡총깡총'은 어떻게 뛰는 걸까? 우리가 흉내 내볼까?
- '엉금엉금'은 어떻게 걷는 걸까?
- 우리도 '살금살금' 걸어볼까?
- '엉금엉금' 자리에 다른 말을 넣으면 어떤 게 좋을까?

이것만 주의하세요!

너무 쉬운 단어로만 꾸미면 재미없으니, 몇 개는 어려운 단어를 넣어주세요. '우유' '토끼' 이런 단어는 쉽기 때문에 자주 접하지 못하는 단어를 중간중간 넣어주면 좋아요. 예를 들면 '캠핑카' '딸그락딸그락' '폴짝폴짝' '우르르쾅쾅' 등 자주 쓰지 않거나 발음하기 어려운 단어가 적절해요.

어휘력이 느는 팁

아이가 만든 문장을 스스로 읽게 해보고, 그 후에 엄마가 소리 내어서 읽어주세요. 엄마의 발음과 띄어 읽기, 감정 표현을 따라 말하면서 말하는 방법을 터득할 수 있어요. 엄마는 최대한 문장의 의미를 살려서 맛있게 읽어주세요.

37

종이 냉장고 만들기

하얀 종이에 냉장고를 만들어요. 냉동실과 냉장실을 구분하고, 전단지와 그림책의 그림을 이용해서 냉장고 안을 채웁니다. 냉장고 안에 있는 재료와 음식을 설명하며 재밌게 놀아보아요.

♥ 준비물 ♥
종이, 마트 전단지, 책, 가위, 풀, 꾸밈도구

놀이 효과 관찰력 ★★★ 언어능력 ★★☆

아이는 냉장고 안이 늘 궁금합니다. 하루에도 몇 번씩 냉장고 문을 여닫지요. 우리 집 냉장고 안에 무엇이 있는지 관찰하고, 직접 종이 냉장고를 채워넣으며 여러 사물을 인식할 수 있어요. 특별한 교육 없이도 글자와 사물을 같이 기억할 수 있는 놀이예요!

함께 만들어봐요~

1

종이를 냉장고 모양으로 접어요.

2

전단지나 책에서 냉장고에 넣고 싶은
그림을 찾아 오려서 붙여요.

3

냉장고 겉면에 스티커를 붙이거나,
꾸밈도구를 활용해서 꾸며요.

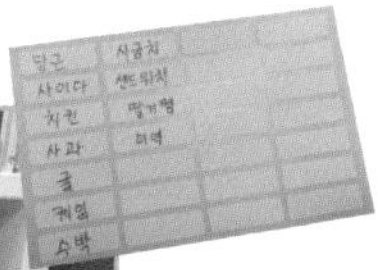

4

엄마가 만든 글자 스티커를
해당 재료에 붙여요.

나만의 냉장고 완성~

5

냉장고 속의 음식들을
소개해요.

이렇게 대화해보세요~

- 우리 집 냉장고 안에는 무엇이 있지?
- 먹고 싶은 음식이 뭐야? 그럼 어떤 재료가 필요할까?
- 이번엔 계란말이를 만들어볼까? 냉장고에서 어떤 재료를 꺼내면 좋을까?
- 이 재료는 냉장고랑 냉동고 중에 어디에 넣을까?
- 이 음식은 먹으면 어디에 좋을까?
- 이건 누구랑 먹고 싶어?

이것만 주의하세요!

우리 집 냉장고에 어떤 것들이 있는지 먼저 관찰해보는 시간을 갖고, 엄마가 설명을 해주세요. 냉장고를 꾸미면서 우리 집 냉장고에 없는 것을 비교해보고, 아이가 채우고 싶은 것이 무엇인지도 물어봐주세요. 설령 냉장실과 냉동실에 들어갈 품목이 바뀌어도 괜찮아요. 아이가 알아가며, 생각하고, 표현하는 놀이의 과정일 뿐이니까요.

사고력을 키우는 팁

종이 냉장고의 주인은 아이입니다. 아이가 주도권을 갖고 냉장고를 채워넣도록 해요. 냉동실에 들어가야 할 음식과 냉장실에 들어가야 할 음식을 구분할 수 있도록 자연스럽게 알려주어요. 아이가 만들고 싶은 음식을 물어보고, 음식에 들어갈 재료를 직접 생각하고 선택할 수 있도록 해요.

38

보물 상자 만들기

엄마와 아이 모두 종이 상자 안에 자기가 생각하는 보물을 넣고, 집 안에 상자를 숨겨 두어요. 서로의 보물이 무엇일지 상상하면서 숨겨진 보물을 찾고, 상자를 찾으면 보물을 소개하는 시간을 가져요.

♥ 준비물 ♥
종이, 보물, 꾸밈도구

놀이 효과 공감력 ★★☆ 친밀감 ★★★

놀이를 통해 서로가 무엇을 소중하게 생각하는지 알게 돼요. 평소에는 알지 못했던 마음을 알게 되지요. 엄마와 아이가 마음을 공유하고 대화함으로써 공감력이 쑥쑥 자라게 된답니다.

함께 만들어봐요~

무엇을 '보물'로 할지 생각하고,
보물을 표현하는 단어를 종이에 적어요.

보물과 단어카드를
상자 안에 넣고 집 안에 숨겨요.

숨긴 장소에 대한 힌트를 주며
보물을 찾아요.

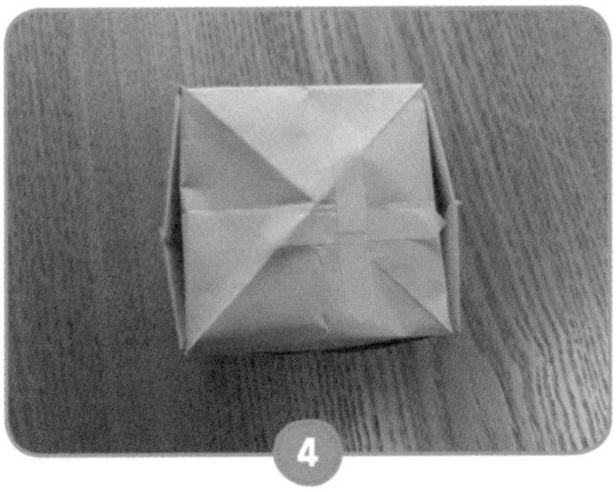

상자를 찾으면, 안에 어떤 보물이
들었을지 추측해요.

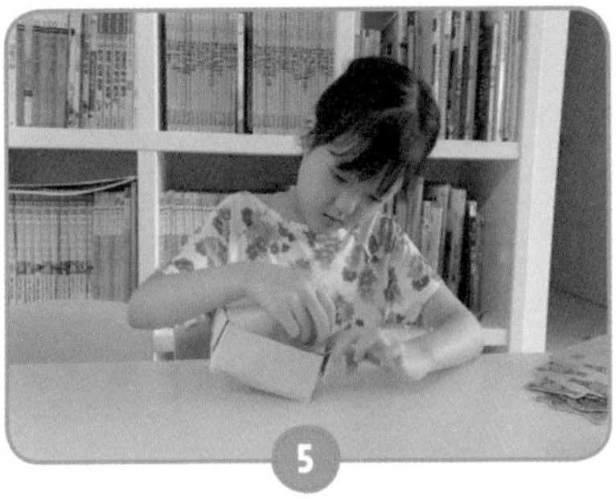

상자를 열어 정답을 확인하고,
선택한 이유를 설명해요.

이렇게 대화해보세요~

- ○○(이)가 생각하는 보물을 상자에 넣고, 꼭꼭 숨기면 엄마가 찾아볼게!
- 어떤 보물인지 힌트를 줄 수 있어?
- 왜 보물이라고 생각한 거야?
- 듣고 보니 정말 소중하게 느껴지네.
- 엄마도 소중하게 생각할게.
- 엄마에게는 우리 ○○(이)가 최고의 보물이야.

이것만 주의하세요!

보물의 가치는 비싼 가격에 있는 것이 아니라, 소중하게 생각하는 마음에 있다는 것을 알려주어요. 아이가 소중하다고 생각하는 보물을 엄마도 똑같이 소중하게 바라봐주고 공감해주세요.

공감력이 자라는 팁

보물을 찾은 기쁨을 만끽하면 춤을 추는 것처럼 기쁨을 표현해주는 것이 중요해요. 놀이를 통해서 다양한 감정을 평소보다 더 많이 표현해주세요. 아이가 보물이라고 생각한 이유를 말해주면, 엄마가 크게 공감하는 리액션이 필요해요.

39

물티슈 뚜껑 인형

아이의 머릿속에는 어떤 생각들이 숨어 있을까요? 물티슈 뚜껑으로 커다란 인형을 만들어보아요. 물티슈 뚜껑 인형이 아이가 무슨 생각을 하는지 알려줄 거예요!

♥ 준비물 ♥
물티슈 뚜껑, 양면테이프, 종이, 필기구, 색연필

놀이 효과 친밀감 ★★☆ 소통능력 ★★★

때로는 내 아이지만 무슨 생각을 하는지 도통 모를 때가 있습니다. 이 놀이를 통해 서로의 생각을 나누면서 가까워질 수 있어요. 놀이를 통해서 생각을 표현하는 방법을 알게 되면 평소에도 자신의 생각을 조리 있게 말하기가 수월해집니다.

함께 만들어봐요~

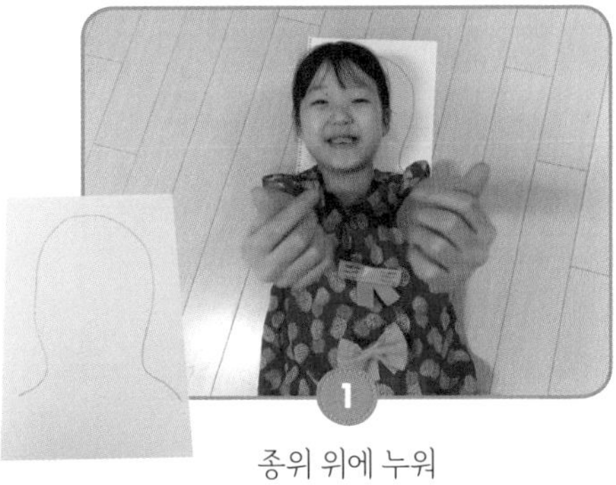

1

종위 위에 누워
아이의 머리 모양을 따라 그려주세요.

2

얼굴 위에 양면테이프를 이용해서
물티슈 뚜껑을 붙여요.

3

아이 머릿속의
생각들을 종이에 적어요.

4

물티슈 뚜껑 안에
단어카드를 넣고 닫아요.

5

뚜껑 위에 얼굴을 그려
예쁘게 꾸며요.

6

뚜껑을 열어 단어카드를
하나씩 꺼내면서
이야기를 나누어요.

이렇게 대화해보세요~

- ○○(이)의 머릿속에 어떤 생각들이 숨어 있을까?
- 지금은 어떤 생각을 하는지 꺼내볼까?
- ○○(이)가 행복하다고 생각하면 엄마도 행복해.
- 엄마가 마음속을 살짝 들여다볼게~
- 아~ 지금은 조금 속상하구나. 무슨 일인지 이야기해줄 수 있어?

이것만 주의하세요!

엄마도 옆에서 함께 만들어보아요. 아이가 서로의 생각을 알아가는 시간이 재밌다고 생각하도록 만들어야 해요. 상대방의 기분을 헤아리고 배려할 줄 알면서 공감력이 뛰어난 아이로 자라게 해야 합니다.

공감력이 자라는 팁

아이가 행복할 때, 울적할 때, 화가 날 때, 심심할 때 등 여러 감정을 표현할 때 엄마의 표정과 말투에 차이가 있도록 의도적으로 노력해보세요. 감정에 따라 달라지는 엄마의 비언어적 표현을 통해서 상대의 감정에 공감하는 방법을 알게 됩니다.

40

행주로 지갑 만들기

아이들은 엄마가 주방에서 사용하는 물건에 관심이 많아요. 그중 흔히 쓰는 주방 행주 하나로 아이가 좋아할 만한 지갑을 직접 만들어보아요. 촉감 놀이에 딱 알맞을 뿐만 아니라 바느질 과정이 있어 아이의 집중력을 기를 수 있어요.

♥ 준비물 ♥
행주, 실, 바늘, 종이, 매직

놀이 효과

근력 ★★☆ 집중력 ★★★

눈과 손이 협응해서 만들기 놀이를 하면 주의집중력이 쑥쑥 자라요. 바느질을 처음 접한 아이는 바느질의 원리를 알게 되고, 그 과정을 통해 손의 힘을 기를 수 있어요. 지갑에서 단어카드를 하나씩 꺼내 소리 내어 읽으면 기억력도 자란답니다.

함께 만들어봐요~

1

깨끗한 행주를 만지면서
촉감을 말로 표현해보아요.

2

적절한 크기로 자르고,
그림을 그려요.

3

바늘에 실을 꿰고,
행주 두 면을 덧대 바늘을 넣어봐요.

4

아이가 바늘을 찌르기 무서워하면,
빼는 작업만 해요.

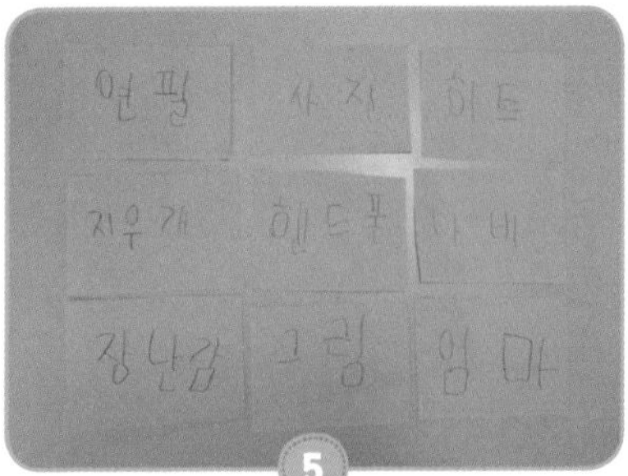

5

지갑에 넣을 단어카드를 만들어요.

6

단어카드를 소리 내어 읽으면서
지갑 안에 넣어보아요.

이렇게 대화해보세요~

- 나만의 지갑에 그림을 그려보자~
- 바늘에 찔리면 아프니까 항상 조심해야 돼.
- 조심조심 천천히 실로 꿰매어 볼까?
- 실로 꿰매니까 행주 두 개가 합쳐졌네?
- 우와~ 정말 튼튼하다!
- 지갑 속에 어떤 단어를 넣어볼까?
- 단어카드를 하나씩 꺼내서 퀴즈 놀이를 해보자~

이것만 주의하세요!

바늘이 위험하다고 아예 못 만지게 하지 마시고, 왜 위험한지 직접 체득할 수 있도록 만져보게 해주세요. 바늘을 넣는 것을 무서워하면 엄마가 바늘을 넣어주고, 아이가 바늘을 빼는 식으로 참여할 수 있게 유도해주세요.

집중력이 자라는 팁

직접 만드는 모든 과정은 아이를 한순간에 몰입하게 합니다. 아이가 집중하는 순간이 기쁜 경험이 될 수 있도록 옆에서 칭찬을 많이 해주세요. 엄마 눈에는 아이의 행동이 더디고 어설프게 보일지라도 직접 할 수 있도록 지켜보고 믿어주어야 합니다.

41

숨은 글자 찾기

하얀 종이에 흰색 색연필로 글자나 편지를 적고 물을 묻힌 붓으로 종이를 적시면 글자가 드러나요. 엄마가 쓴 숨은 글자가 무엇인지 아이가 맞히는 놀이를 해요. 숨은 글자를 찾으면 그냥 단어 공부를 하는 것보다 재미가 배가 된답니다!

♥ 준비물 ♥
종이, 흰색 색연필, 붓, 물, 물통

놀이 효과 집중력 ★★★ 협동심 ★★☆

엄마가 어떤 글자를 적었을까 상상하는 과정에서 아이의 호기심이 발달합니다. 숨어 있는 글자를 발견할 때까지 놀이 과정에 집중하면서 집중력과 인내심을 기를 수 있어요. 또한 엄마와 협심하면서 협동심도 쑥쑥 자란답니다.

함께 만들어봐요~

1

엄마가 하얀 종이에 흰색 색연필 혹은
크레파스로 글자를 적어요.

2

물을 묻힌 붓으로 종이를 적시며
글자를 찾아요.

3

어떤 글자가 드러났는지 보이는 대로
소리 내어서 읽어요.

4

찾은 글자를
다른 종이에 옮겨 적어요.

5

이번엔 순서를 바꿔서
놀아보아요.

숨어 있는 단어 7개를
발견했어요!

이렇게 대화해보세요~

- 엄마가 비밀 글자를 써볼게. 지금부터 무슨 글자가 있는지 찾아보자.
- 벌써 하나 찾았네? 이제 5개 남았다.
- 정말 잘 찾는다! 엄마가 꼭꼭 숨겨두었는데 어떻게 찾았지?
- 찾은 단어를 하나씩 읽어볼까?

이것만 주의하세요!

단어가 너무 많아도 아이가 읽기 부담스러워하니 10개 미만의 적절한 양으로 글자를 적어주세요. 아이가 단어를 잘 못 읽으면 엄마가 먼저 읽고 아이가 따라 읽을 수 있게 유도해주세요.

정서발달에 좋은 팁

아이가 글자를 찾은 뒤에는 역할을 바꿔서 아이가 글자를 쓰고, 엄마가 찾아보아요. 아이가 서툰 글씨로 쓴 한글을 정성스럽게 찾아서 읽어주세요. 엄마의 목소리로 숨은 글자를 들을 때, 아이의 기쁨과 보람도 커질 거예요.

42

비닐장갑 단어 퀴즈

일회용 비닐장갑에 매직으로 꽃 그림을 그려요. 좋아하는 꽃과 알고 있는 꽃의 이름으로 단어카드를 만들고, 비닐장갑 풍선으로 꽃을 가리키며 퀴즈를 풀어보아요!

♥ 준비물 ♥
비닐장갑, 매직,
테이프, 나무젓가락

놀이 효과

표현력 ★★☆ 자신감 ★★★

자신이 아는 것을 설명하면서 표현력과 발표력을 키워요. 아이는 자신이 아는 것을 말할 때에 자신감을 느낍니다. 엄마가 질문하고 아이가 답하면서 이야기를 하는 과정에서 문장을 만드는 능력이 발달할 수 있어요.

함께 만들어봐요~

1

비닐장갑에
꽃 그림을 그려요.

2

비닐장갑에 바람을 넣고 나무젓가락
손잡이를 만들어 테이프로 묶어요.

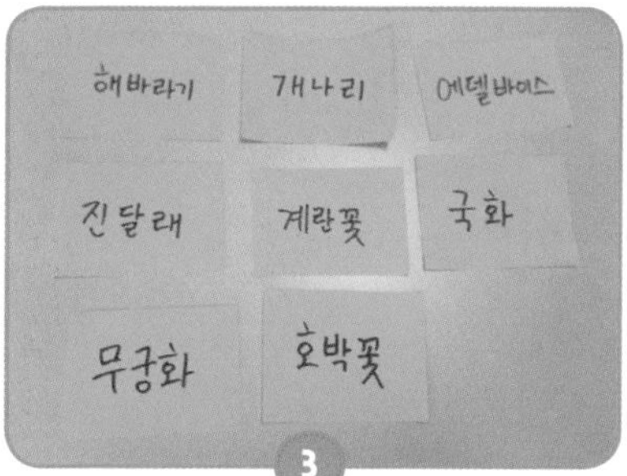

3

엄마는 아이가 아는 꽃 이름을 적어
단어카드를 준비해요.

4

엄마가 꽃에 대해 질문하면
비닐장갑 풍선으로 답을 가리켜요.

5

꽃에 대해
아는 만큼 설명해보아요.

이렇게 대화해보세요~

- 알고 있는 꽃 이름을 말해볼까?
- 이 중에서 제일 좋아하는 꽃은 뭐야?
- 이 꽃을 좋아하는 이유는 뭐야?
- 이 꽃에 대해서 설명해줄 수 있어?
- 해를 무척 좋아하고, 노란 잎을 가진 꽃을 가리켜보자!
- 우리나라를 대표하는 꽃은 뭘까?

이것만 주의하세요!

꽃과 관련된 그림책을 먼저 읽어보고 이야기를 나눈 뒤 자연스럽게 놀이로 이끌어주세요. 아이들은 사전에 정보를 얻으면 더 자신감을 갖고 표현할 수 있어요.

어휘력이 자라는 팁

아이가 생각하는 것을 말하려면 여러 어휘가 필요해요. 평소에 동화책을 수시로 읽어주면 아이가 책에 나온 표현들을 알아두었다가 필요할 때 꺼내 쓸 수 있습니다. 아이가 좋아하고 재밌어하는 그림책 몇 권을 수시로 읽어주면 반복학습에 의해 그림책의 표현을 잘 활용하게 될 거예요.

43

신문지 모자 만들기

신문지를 이용해서 모자를 만들어요. 만드는 동안 신문지에서 아는 글자도 찾아보아요. 직접 모자도 만들어 쓰고, 재밌는 단어 놀이도 즐겨보세요!

♥ 준비물 ♥
신문지, 테이프,
종이, 매직

놀이 효과

근력 ★★★ 언어능력 ★★☆

신문에는 다양한 글자와 그림, 숫자가 있어서 단어를 학습하기 좋아요. 신문에서 아는 단어를 찾고, 읽으면서 저절로 어휘력이 향상됩니다. 또한 신문지를 만지고, 구기고, 찢으며 소근육을 발달시킬 수 있어요.

함께 만들어봐요~

어떤 모자를 만들지
이야기해요.

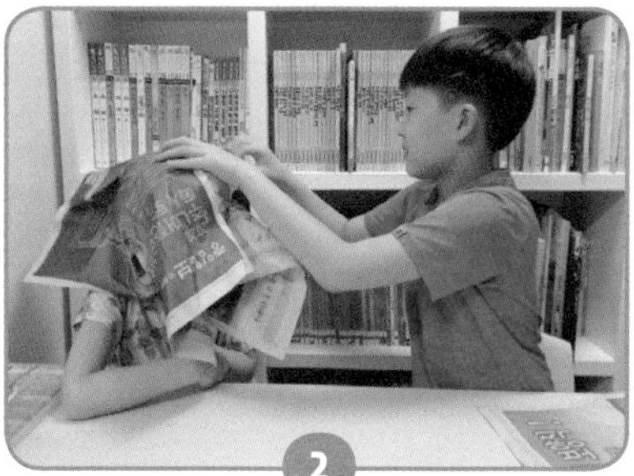

머리둘레를 따라 테이프를
두세 번 감아요.

테이프를 이용해서
모자 모양을 만들어요.

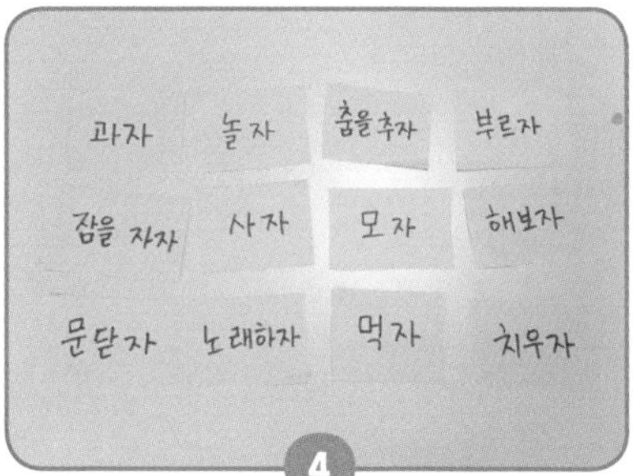

아이와 의논해서 '자'로 끝나는 단어로
단어카드를 만들어요.

단어를 설명하고 맞히면서
퀴즈 놀이를 해요.

직접 만든 모자를 쓰고
단어 찾기 게임 중~!

이렇게 대화해보세요~

- 신문에 아는 글자가 있는지 볼까?
- 신문지 모자 정말 근사하다~
- '모자'처럼 '자'로 끝나는 말로 단어카드를 만들어보자!
- 노랫말을 개사해서 불러주세요.

  ♪ '자, 자, 자' 자로 끝나는 말은? 모자, 의자, 과자, 먹자, 뽀뽀해보자~

  ♬ '자, 자, 자' 자로 시작하는 말은? 자유, 자동, 자두, 자몽, 자유이용권~

이것만 주의하세요!

신문지를 머리 모양에 맞추고 테이프를 붙이는 작업이 능숙해지도록 여러 번 만들어도 좋아요. 만들면서 새로운 아이디어가 떠오르면 다른 무언가를 만들 수 있을 거예요. 칭찬과 격려는 아이디어를 샘솟게 한답니다!

창의력이 자라는 팁

모자를 쓰고 마술사로 변신해보세요. 모자에 카드를 여러 장 담아서 어떤 카드가 나올지 맞히는 게임을 해요. 단순히 카드를 나열해서 노는 것보다 더 재밌게 놀 수 있답니다.

44

아이스크림 막대 윷놀이

아이스크림 막대는 씻어서 말려두면 놀이할 때 유용해요. 아이스크림 막대 한쪽 면에 아이가 원하는 대로 무늬를 그려 윷을 만들어요. 윷판까지 직접 만들면 나만의 윷놀이 세트가 완성된답니다.

♥ 준비물 ♥
아이스크림 막대 4개, 종이, 꾸밈도구

놀이 효과 스트레스 해소 ★★★ 친밀감 ★★★

윷놀이 규칙을 익히면 두뇌 개발에 도움이 돼요. 완주해야 하는 게임일수록 적절한 긴장감과 흥미를 유발하기 때문에 집중력이 배가 되지요. 엄마 아빠나 형제자매와 대결하면서 스트레스를 마음껏 풀기에 좋아요.

함께 만들어봐요~

아이스크림 막대 4개의
한쪽 면을 꾸며 윷을 만들어요.

아이와 의논하면서 윷판을 만들어요.

윷을 던지면서
'도개걸윷모'의 규칙을 익혀요.

윷판의 규칙을 잘 지키며
게임을 해요.

게임이 끝나면 새로운 윷판을
꾸며서 다시 놀아요.

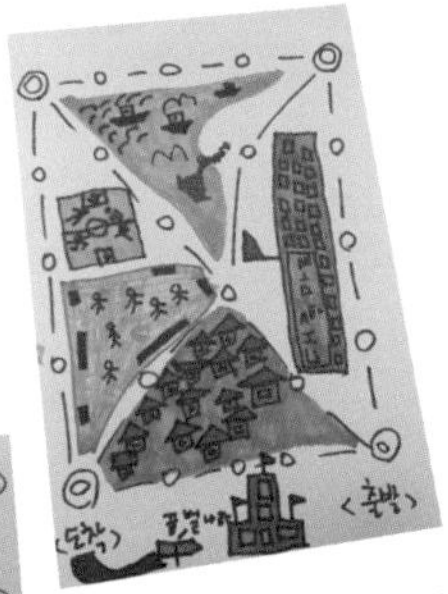

여러 가지 윷판을 만들면
다양한 게임을 할 수 있어요 :)

이렇게 대화해보세요~

- 이 단어를 읽으면 3칸 전진, 못 읽으면 1칸 뒤로 가는 거야.
- 이 글자는 어떻게 읽을까?
- 아쉽지만 1칸 후퇴야. 괜찮아, 우리에겐 다음 기회가 있어! 다시 도전!
- 2칸 앞으로! 우와 신난다! 벌써 이만큼이나 왔어.
  조금만 더 가면 탈출하겠는데?

이것만 주의하세요!

예전에는 윷놀이를 많이 했지만 요즘 아이들 세대에서는 윷놀이를 경험해보지 못하는 경우가 많아요. 그런 경우 게임의 규칙을 차근차근 알려주고, 아이가 직접 규칙을 만들어보면서 즐겁게 참여할 수 있게 유도해주세요.

친밀감이 자라는 팁

내기할 때 아이가 직접 생각한 조건을 걸고 하면 더 즐거워요. 소원권 1회, 어깨 주무르기 3분, 신발 정리하기, 뽀뽀하기, 간지럼 태우기 등 자유롭게 만들어보아요.

45

인덱스로 단어 완성하기

아이들은 테이프나 스티커를 떼었다가 붙이는 것을 무척 재밌어합니다. 엄마가 스케치북에 자음을 적으면, 아이가 모음을 인덱스 테이프를 붙여 글자를 완성해요. 놀이를 통해 자음과 모음을 이해할 수 있어요.

♥ 준비물 ♥
종이, 인덱스 테이프, 필기구

놀이 효과 언어능력 ★★★ 집중력 ★★☆

놀이를 통해 자음과 모음의 구조를 자연스럽게 알 수 있고, 모음으로 인해 발음이 어떻게 달라지는지 직접 보기 때문에 이해하기 쉬워요. 자음과 모음을 조합하면서 새로운 단어를 상상하고 유추하면서 어휘력도 자랍니다.

함께 만들어봐요~

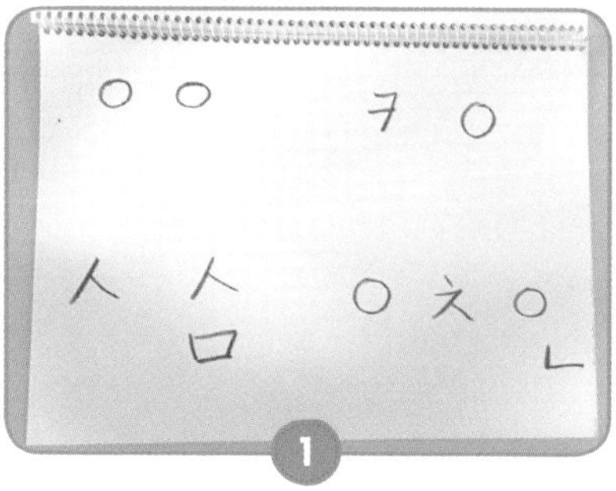

1 엄마가 종이 위에
단어들의 초성과 받침을 적어요.

2 자음을 보며
어떤 단어일까 상상해요.

3 인덱스 테이프를 이용해서
아이가 상상한 단어의 모음을 붙여요.

4 스티커를 떼고 직접 써보아요.

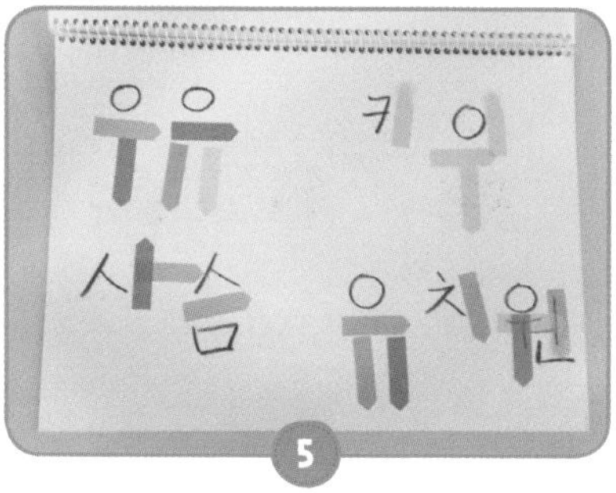

5 완성된 단어를
소리 내어 읽어요.

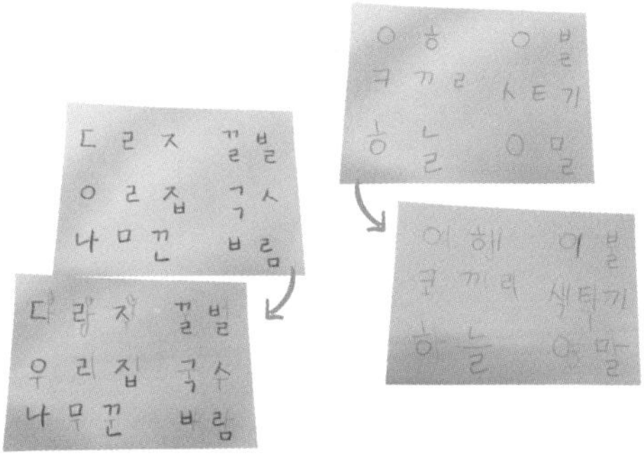

이렇게 대화해보세요~

- 단어 몇 개씩 문제를 내볼까? 3개? 5개?
- 엄마는 동물 중에서 문제를 내볼게~
- 이 단어는 ○○(이)가 좋아하는 과일이야!
- 우리 집 안에 있는 물건들을 인덱스 테이프로 표현해볼까?
- 이번엔 어떤 글자를 만들어볼까?
- 이번엔 우리 가족 이름을 만들어보자~

이것만 주의하세요!

어려운 단어만 쓰지 말고, 아이가 알고 있는 단어를 적절하게 배치하세요. 먼저 익숙한 글자들을 부담 없이 익힌 후에 낯선 단어를 도전하는 과정을 밟아야 합니다.

창의력이 배가 되는 팁

아이가 좋아할 만한 단어를 만들어보아요. 가족이나 친구 이름, 좋아하는 음식과 캐릭터, 동물 등 자유롭게 떠올리고 직접 만들도록 도와주세요.

오늘의 놀이 쿠폰

오늘 하고 싶은 놀이를 선택해서 예쁘게 오려 엄마 아빠에게 제출해보아요.
사용한 놀이 쿠폰은 한곳에 보관해두었다가 또 놀고 싶을 때 사용해요!

알록달록 비빔국수 (114쪽)	색종이 신발 만들기 (117쪽)	나만의 풍선 만들기 (120쪽)
수수깡 작품 만들기 (123쪽)	우산 비닐 인형 (126쪽)	카드막대 만들기 (129쪽)
종이 냉장고 만들기 (132쪽)	보물 상자 만들기 (135쪽)	물티슈 뚜껑 인형 (138쪽)
행주로 지갑 만들기 (141쪽)	숨은 글자 찾기 (144쪽)	비닐장갑 단어 퀴즈 (147쪽)
신문지 모자 만들기 (150쪽)	아이스크림 막대 윷놀이(153쪽)	인덱스로 단어 완성하기(156쪽)

PART 4

창의력이 샘솟는 표현하기

46

글자나무 꾸미기

아이에게는 시중에 파는 단어 벽보가 부담스럽게 느껴질 수 있어요. 대신에 아이가 직접 벽에 글자나무를 만들면 애착이 가는 큰 단어장이 생길 거예요. 아이가 좋아하는 단어, 배워야 할 단어 등을 자유롭게 적어 글자나무를 키워보아요.

♥ 준비물 ♥
종이, 포스트잇, 매직, 가위

놀이 효과

어휘력 ★★★ 표현력 ★★☆

의외로 단어 벽보에 눈길도 주지 않는 아이들이 많아요. 아이가 직접 글자나무를 만들면 적어도 하루에 한 번은 나무 앞에 서서 글자 읽는 모습을 볼 수 있어요. 단어를 적으면서 어휘력이 자라고, 문장을 만들면서 표현력이 자라는 놀이랍니다.

함께 만들어봐요~

준비한 종이를
나무 기둥 모양으로 오려요.

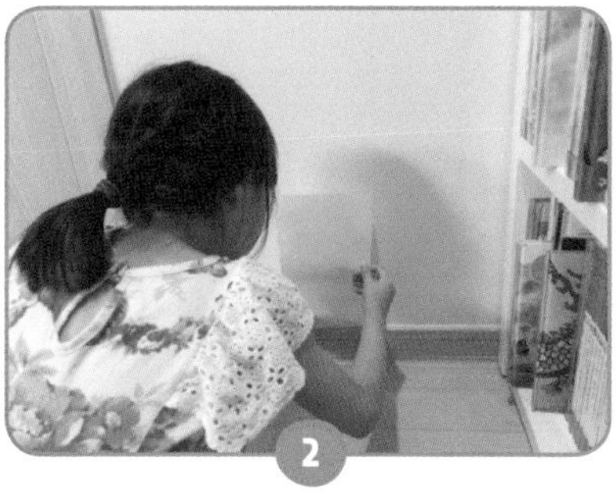

원하는 곳에 나무 기둥을 붙여요.

아이와 함께 포스트잇에
여러 단어를 적어요.

포스트잇을 나뭇잎이라 생각하고
글자 나무를 꾸며요.

단어들을 조합하여
문장을 만들면서 놀아요.

이렇게 대화해보세요~

- 나뭇잎에 어떤 단어를 적을까?
- 좋아하는 동물 이름을 적어볼까?
- 친구 이름도 좋다! 좋아하는 음식도 적어볼까?
- 모르는 글자는 엄마가 적어줄 수 있어. 도움이 필요하면 언제든 얘기해~
- 단어 3개를 가지고 문장을 만들어볼까?

이것만 주의하세요!

글자나무는 최소 한 달 정도는 그대로 내버려두세요. 아이가 원할 때 포스트잇을 떼어내고 또 다른 단어를 붙여주면 좋아요. 엄마가 주도해서 글자를 떼고 붙이면 아이는 글자나무에 정을 붙일 수가 없어요.

상상력이 자라는 팁

색종이나 색지를 나뭇잎 모양으로 오려서 붙이면 더 좋아요. 알록달록한 단풍잎처럼 다양한 색으로 꾸미면 더 멋진 나무가 될 수 있겠죠? 실제 나뭇잎을 장식으로 몇 개 붙인다면 아이의 상상력과 창의력에 큰 도움이 될 거예요!

47

뽁뽁이 빙수 만들기

뽁뽁이와 반짝이 스티커를 이용해서 팥빙수를 만들어주세요. 판매원과 손님 역할놀이를 하면서 만들면 재미가 배가 된답니다. 좋아하는 빙수로 메뉴판도 만들어보아요! 얼음까지 추가하면 시원한 빙수 완성~

♥ 준비물 ♥
그릇, 뽁뽁이, 반짝이 스티커

놀이 효과 관찰력 ★★☆ 스트레스 해소 ★★★

얼음과 뽁뽁이의 촉감을 느끼면서 스트레스를 해소해요. 느낌을 말로 표현하는 과정에서 표현력을 키울 수도 있고요. 작은 재료들이 빙수가 되어가는 과정을 보면서 창의적인 상상을 통해 즐거운 시간을 경험해요.

함께 만들어봐요~

얼음을 만지며
어떤 느낌인지 이야기해요.

팥빙수 그릇에
얼음과 뽁뽁이를 가득 넣어요.

뽁뽁이 위에
반짝이 스티커를 붙여서 꾸며요.

얼음을 적절히 추가해서 넣어요.

만들어진 빙수를 소개하고,
어떤 맛인지 상상해서 말해보아요.

이렇게 대화해보세요~

- 오늘은 이 재료들로 빙수를 만들어볼 거야.
- 얼음을 만져보니 느낌이 어때?
- 빙수에 어떤 재료를 넣으면 좋을까?
- 빙수 메뉴판을 만들어볼까? 무슨 빙수를 좋아해?
- 맛있는 딸기 빙수 만들어주세요~

이것만 주의하세요!

아이들은 얼음을 만지는 것을 좋아해요. 촉감을 이용해서 느껴보고, 어떤 느낌인지 직접 말로 표현해볼 수 있도록 얼음을 손에 쥐고 충분히 느낄 수 있게 해주세요.

창의력이 샘솟는 팁

팥빙수를 어떤 그릇에 담을지, 어떤 재료를 넣는지에 따라서 결과물이 달라지는 것을 알아가는 재미가 있어요. 여러 가지 빙수를 만들어보면서 아이의 창의력을 느껴보세요!

48

코팅지 스티커 만들기

코팅지를 이용하면 손쉽게 스티커를 만들 수 있어요. 그림책에서 좋아하는 장면을 찾아 코팅지를 올려놓고 따라 그린 후 색칠하면 금세 나만의 스티커가 완성돼요!

♥ 준비물 ♥
코팅지, 매직, 가위

놀이 효과 관찰력 ★★☆ 표현력 ★★★

그림을 따라 그리는 과정을 통해서 집중력이 자라고, 그림을 설명하면서 표현력이 자라요. 직접 만든 스티커는 더 애착이 가요. 다음에 어떤 그림을 그리면 좋을까 생각하면서 책을 읽을 때 그림과 글자를 유심히 보는 습관이 생겨요.

함께 만들어봐요~

1

그림책에서 그리고 싶은
장면을 찾아 어떤 내용인지 말해요.

2

그림 위에 코팅지를 올려놓고
천천히 따라 그려요.

3

따라 그린 밑그림에 색칠을 해요.

4

그림의 선보다 1~2mm 정도
살짝 큰 크기로 오려주세요.

좋아하는 그림으로
나만의 스티커를 만들어요!

5

직접 그린 그림들을 모아
한곳에 붙여보아요.

이렇게 대화해보세요~

- 오늘은 스티커를 만들어볼 거야. 그림책에서 어떤 그림을 그려보고 싶어?
- 코팅지가 투명하니까 그림이 잘 보인다~
- 엄청 큰 스티커가 완성되었네! 진짜 멋지다!
- 어떤 그림인지 설명해줄 수 있어?
- 어디에 붙여볼까?

이것만 주의하세요!

아이는 따라 그리려고 노력하지만 완전히 일치하게는 못 그릴 거예요. 그래도 잘하고 있다고 계속해서 격려해주시고, 엄마도 옆에서 아이보다 쉬운 그림을 따라 그리며 만들어보세요. 엄마가 어려운 그림을 택해서 잘 만들어버리면 아이가 주눅 들어서 흥미를 잃을 수도 있어요.

창의력이 샘솟는 팁

그림책 외에 아이가 원하는 그림을 마음껏 그려보게 해요. 그 과정에서 아이의 창의력이 샘솟을 거예요. 또한 원본 그림과 다르게 색칠하도록 유도해보세요. 따라 그린 그림이지만, 색깔이 다르면 나만의 특별한 작품으로 느껴 성취감이 커진답니다.

49

물에 종이배 띄우기

아이들이 좋아하는 물놀이를 실컷 할 수 있어요. 바닥에 신문지를 넉넉히 깔아놓고 대야에 종이배를 띄우고, '후~' 불어서 배를 움직여보아요.

♥ 준비물 ♥
색종이, 대야, 물

놀이 효과 집중력 ★★☆ 스트레스 해소 ★★★

물은 아이의 마음을 편안하게 하고 스트레스를 풀어주는 좋은 놀이 재료입니다. 엄마를 따라 색종이를 접고, 종이배를 완성하여 물에 성공적으로 띄우는 과정에서 성취감을 느낄 수 있어요. 젖은 종이를 찢고 뭉치는 과정은 촉감놀이에 아주 좋답니다.

함께 만들어봐요~

1

여러 색깔 색종이로 종이배를 접어요.

2

바닥에 신문지를 두껍게 깔고,
대야에 물을 절반 정도 담아요.

3

물 위에 종이배를 띄워요.

4

종이배가 물에 젖는
모습을 관찰해요.

5

젖은 종이를 찢고 뭉치며
자유롭게 놀아요.

이렇게 대화해보세요~

- 오늘은 종이배를 만들어볼 거야. 어떤 색깔로 접어볼까?
- 어떤 색을 제일 좋아해?
- 배가 물에 뜨는 게 너무 신기하다~ 어떻게 배가 물에 뜰 수 있을까?
- 이건 누구 배야?
- 종이가 물에 오래 닿아 있었더니 젖어버렸네!
- 젖은 종이는 이렇게 공처럼 잘 뭉쳐져.

이것만 주의하세요!

아이가 물을 바닥에 쏟을까봐 신경이 곤두서는 엄마도 있을 거예요. 신경이 쓰인다면, 아이의 자기조절력 단련을 위해서 놀이 전에 한 번 정도만 주의를 주세요. 아이가 주변에 물을 튀기지 않고도 얼마든지 즐겁게 놀 수 있다는 것을 경험할 필요가 있어요.

창의력이 샘솟는 팁

카드에 소원을 적어서 종이배에 넣고 띄워보아요. 누구 배인지 아이가 지정하고, 왜 그 사람의 배인지 이유도 함께 말해요. 놀이를 좀 더 응용하면 아이의 창의력이 쑥쑥 자라요.

50

로션으로 글자 쓰기

테이블 위에 비닐을 넓게 깔아요. 비닐 위에 안 쓰는 로션을 듬뿍 짜서 올려요. 손을 깨끗하게 씻고, 로션을 만지며 그림이나 글자를 자유롭게 써보아요. 촉감을 자극하는 놀이 중 단연 으뜸이랍니다!

♥ 준비물 ♥
쟁반, 비닐, 로션

놀이 효과 친밀감 ★★☆ 스트레스 해소 ★★★

로션의 부드러운 촉감과 향긋한 향기가 아이의 긴장과 스트레스를 풀어주어 정서 발달에 좋아요. 손의 움직임에 따라 로션이 변하는 모습을 보면서 관찰력과 상상력을 키울 수 있어요.

함께 만들어봐요~

1

먼저 손을 깨끗하게 씻고 와요.

2

쟁반에 비닐을 씌우고,
비닐 위에 로션을 듬뿍 올려요.

3

비닐 위에 로션을 펴바르면서
촉감과 향기를 느껴요.

4

손가락으로 원하는 무늬나
그림, 글자를 그려요.

5

어떤 느낌인지 이야기를 나누며
원하는 만큼 놀고 뒷정리도 함께해요.

제가 뭐라고 적었는지
맞혀보세요~

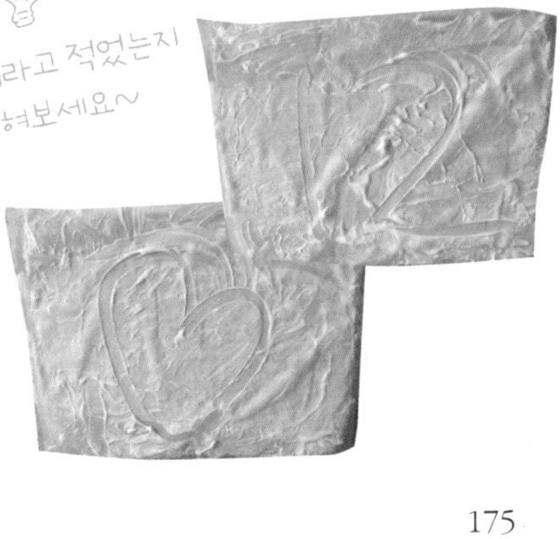

이렇게 대화해보세요~

- 로션을 이용해서 아주 재밌는 놀이를 해볼 거야.
  먼저 손을 깨끗하게 씻고 오자.
- 로션을 여기에 쭈욱 짜볼래?
- 로션 느낌이 어때?
- 로션 위에 손가락으로 그림도 그리고, 글자도 써볼까?
- 무엇을 써볼까?
- 우와~ 부드러워서 잘 써진다!

이것만 주의하세요!

안 쓰는 로션이 있으면 내 아이를 위해 기꺼이 양보해주세요. 너무 오래된 로션은 민감한 피부를 가진 아이에게 안 좋을 수 있으니 유의해주세요!

친밀감이 자라는 팁

엄마와 아이가 함께 로션을 만지고, 손을 맞잡아보아요. 마음까지 부드러워진답니다. 아이의 마음이 편안한 상태에서 하고 싶은 대로 마음껏 표현하게 해보세요. 아마 엄청난 아이디어가 퐁퐁 솟을 거예요.

51

끝말잇기 단어카드

단어카드를 이용해서 끝말잇기를 해요. 말로 끝말잇기 놀이를 하면 아이가 익히기도 전에 단어가 사라지지만, 단어카드로 놀면 기록이 남아 직접 보며 익힐 수 있어요. 어렵지 않은 단어를 이용해서 재밌는 끝말잇기를 해보세요!

♥ 준비물 ♥
종이, 가위, 매직

놀이 효과 어휘력 ★★☆ 소통능력 ★★★

아이는 놀이를 통해 학습을 즐겁게 받아들입니다. 글자의 구조와 단어의 조합 놀이를 통해 어휘력이 상승하고 기억력이 좋아져요. 단어 '공부'라고 생각하지 않고 즐길 수 있는 것이 이 놀이의 가장 큰 장점입니다!

함께 만들어봐요~

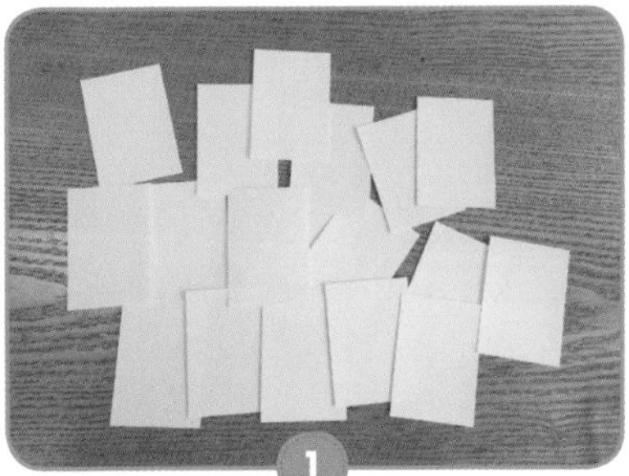

1

단어카드를 20개 정도 준비해주세요.

2

먼저 말로 끝말잇기를 하면서 나온
단어들을 종이에 적어요.

3

단어카드를 이용해서
끝말잇기를 하며 나열해요.

4

끝말잇기가 끝나면 카드를 섞고,
엄마가 부르는 단어를 골라요.

5

단어카드를 뒤집고, 엄마가 부르는 단어가
나올 때까지 뒤집는 게임을 해요.

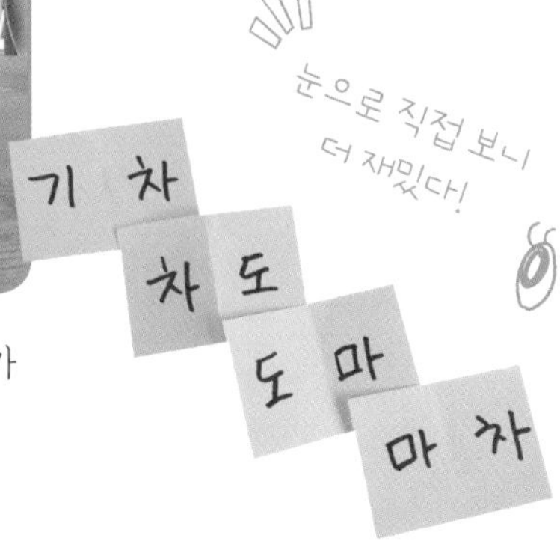

눈으로 직접 보니
더 재밌다!

이렇게 대화해보세요~

- 저번에 할머니 댁 갈 때 탔던 기다랗고 바퀴 달린 차를 뭐라고 하지?
- 차가 다니는 길을 뭐라고 하지?
- 여기 맨 끝에 글자는 뭐라고 읽을까?
- '도'로 시작하는 단어가 뭐가 있을까?
- 모양이 똑같은 글자는 발음도 똑같구나!

이것만 주의하세요!

아이가 글자 쓰기를 어려워한다면 엄마가 아이 앞에서 또박또박 한 획씩 글자를 적어주세요. 엄마가 적는 필순을 반복해서 보면서 글자 쓰는 법을 익힐 수 있어요.

창의력이 샘솟는 팁

카드를 이용해서 문장 짓기 놀이를 해보아요.

예) ✮ 마차 = 공주가 마차를 타고 궁전으로 갑니다.

✮ 기차 = 우리 가족이 기차를 타고 여행을 갑니다.

52

우리 동네 꾸미기

커다란 보자기에 우리 집 주변 지도를 만들어보아요. 보자기를 이용해서 작은 마을 하나가 완성되면 바닥에 놓고 우리 집, 마트, 병원, 놀이터 등을 설명하고 추억을 이야기하며 놀아요.

♥ 준비물 ♥
보자기, 종이,
꾸밈도구, 테이프

놀이 효과 관찰력 ★★☆ 언어능력 ★★★

지도를 만들면서 어디에 무엇이 있는지 생각해볼 수 있어요. 목적에 따라 방문하는 곳(약국, 병원, 마트, 학교)에 대해 이야기 나누면서 관찰력과 표현력도 키울 수 있습니다.

함께 만들어봐요~

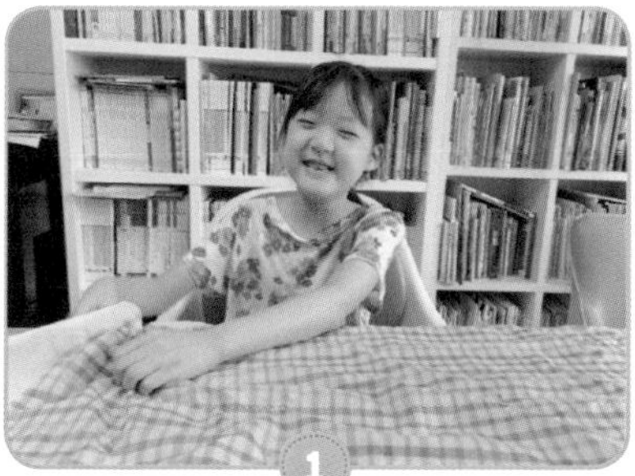

1

커다란 보자기를 펼쳐요.

2

동네에 있는 것들을 종이에 그려요.

3

동네를 꾸밀 사람, 동물, 식물,
구름, 해 등을 그려요.

4

버려도 되는 그림책이 있으면
그림을 오려서 붙여요.

5

완성품을 보면서
우리 동네를 소개해요.

평화로운 우리 동네예요~

이렇게 대화해보세요~

- 집 주변에 뭐가 있는지 생각하며 그려볼까?
- 학교는 어디쯤에 있더라?
- 저번에 마트에 가서 뭐 샀지?
- 병원은 어떨 때 가는 곳이지?
- 해가 쨍쨍한 거 보니까 날씨가 좋은가 보다~
- 여기에서 제일 좋아하는 장소는 어디야?
- 우와~ 우리 동네 지도가 완성됐네! 동네 구경시켜줄 수 있어?

이것만 주의하세요!

아이가 우리 집 주변에 무엇이 있는지 잘 모른다면 먼저 엄마가 소개해주세요. 이야기를 들으며 아이가 그림을 그리도록 이끌어주시면 됩니다. 위치는 정확하지 않아도 되니까 특정 장소만 생각해주세요.

창의력이 자라는 팁

종이에 그림을 그리는 것도 좋지만, 가능하다면 작은 상자, 휴지심, 우유갑 등을 이용해서 입체적으로 꾸며보세요. 아이가 주도해서 이것저것 만들수록 좋아요. 아이의 창의력은 줄어들지 않는 샘 같아서 엄마보다 더 좋은 아이디어를 낼 거예요.

53

라이스페이퍼 스티커

라이스페이퍼를 미지근한 물에 담그면 말랑말랑한 스티커처럼 되어서 종이에 붙일 수 있어요. 물에 담그기 전에 유성매직으로 글씨를 쓰고 물에 적시면 글자 스티커가 완성된답니다! 간편하게 나만의 스티커를 만들어보아요.

♥ 준비물 ♥
라이스페이퍼, 유성매직, 스케치북, 미지근한 물

놀이 효과 어휘력 ★★☆ 관찰력 ★★★

라이스페이퍼가 변하는 과정을 직접 보면서 관찰력을 키울 수 있어요. 글자를 쓸 때, 물에 담글 때, 물에서 꺼낼 때, 종이에 붙일 때, 엄마와 이야기할 때 총 5번이나 같은 글자를 학습하는 효과가 있어요.

함께 만들어봐요~

1

라이스페이퍼에 유성매직으로
글자를 쓰거나 그림을 그려요.

2

간격을 두고 라이스페이퍼를 오려요.

3

미지근한 물에
라이스페이퍼를 담가요.

4

물에 적신 라이스페이퍼를 꺼내
스케치북에 붙여요.

5

스티커에 적힌 단어를
소리 내어 읽어요.

이렇게 대화해보세요~

- 어떤 글자를 적어볼까?
- 이번엔 무슨 색으로 적어볼까?
- 우리 가족 이름이나 좋아하는 만화 주인공 이름을 적어도 재밌겠다!
- 라이스페이퍼를 물에 담그면 어떻게 되는지 볼까?
- 우와~ 딱딱했던 라이스페이퍼가 물에 담그니까 흐물흐물해졌네~
- 종이에 딱 붙으니까 스티커 같다!

이것만 주의하세요!

글자는 아이가 직접 적게 해주어요. 직접 적은 글자가 어떻게 변하는지 보면 더 즐거울 테니까요.

창의력이 샘솟는 팁

글자에 맞는 그림을 그려도 좋아요. 글자를 그림으로 표현하기 위해 여러 번 생각하고, 상상하면서 창의력을 기를 수 있습니다.

54

나만의 그림책 만들기

책을 읽으면서 재밌었던 부분이나 마음에 들었던 그림, 혹은 그리고 싶은 그림을 나만의 그림책에 그려보아요. 그림과 이야기를 새로 구상하면 어느새 하나밖에 없는 나만의 그림책이 완성됩니다. 아이가 책을 볼 때마다 성취감을 느낄 수 있어요.

♥ 준비물 ♥
미니 책, 연필, 지우개, 꾸밈도구

놀이 효과 언어능력 ★★☆ 창의력 ★★★

보통 스케치북이나 공책에 그린 그림들은 쉽게 버려지는 경우가 많습니다. 그럴 때마다 아이들은 정성을 담아 표현하는 것을 꺼리기 시작해요. 반면에 미니 책은 책처럼 생겨서 오래 보관이 가능하고, 언제든 꺼내볼 수 있어서 아이가 성취감을 느끼며, 표현력과 창의력을 기르는 데 도움이 됩니다.

함께 만들어봐요~

1

색상지로 만든 미니 책에
그림을 그리고, 이야기를 적어요.

2

알록달록하게 그림을 색칠해요.

3

스티커를 이용해서 예쁘게 꾸며요.

4

만든 책을 보면서
엄마에게 이야기를 들려주어요.

나만의 동화책을
만들었어요

이 세상에 하나뿐인
책이랍니다

이렇게 대화해보세요~

- 무슨 이야기를 만들 거야?
- 누구를(무엇을) 그린 거야?
- 엄마에게 이야기를 들려줄 수 있어?
- 이 장면은 무슨 이야기가 담겨 있어?
- 우리 집에서 ○○(이)가 만든 책이 제일 멋지다!

이것만 주의하세요!

"이거 아는 글자잖아" "저번에 배웠잖아"라는 식으로 아이에게 위협을 주며 확인하지 마세요. 공부하는 기분이 들면 놀이를 싫어하게 됩니다. 아이들은 자기가 못하는 것을 확인받고 싶어 하지 않아요. 아이가 모르는 글자면 엄마가 계속해서 읽어주세요.

상상력이 자라는 팁

활용도가 높은 미니 책 만들기

아이들이 마음껏 표현하고 상상할 수 있게 만들어주는 미니 책은 색상, 크기, 모양별로 미리 만들어두면 활용할 데가 많아요. 만들기 어렵지 않으니 시간을 내어서 미리 색깔별로 만들어주세요. 언제 어디서든 아이가 자유롭게 꺼내서 놀고, 깔끔하게 보관할 수 있어요.

✫ 준비물: 색상지, 가위, 스테이플러

55

자유롭게 표현하기

가끔은 기본적인 재료만으로 무엇이든 표현할 수 있게 시간을 주세요. 아이들이 미디어에 익숙해질수록 특별한 무언가가 없으면 무엇을 해야 할지 모르는 경우가 많아요. 종이와 꾸밈도구로 얼마든지 재미있게 놀 수 있다는 것을 알려주세요.

♥ 준비물 ♥
종이, 매직, 스티커, 꾸밈도구

놀이 효과 근력 ★★☆ 상상력 ★★★

오로지 아이에게 맡겨 뭐든 자유롭게 표현하게 하면 자기주도성이 쑥쑥 자라요. 빈 공간에 무엇을 만들지 생각하는 과정에서 창의적 상상력이 발휘된답니다. 또한 다양한 도구의 쓰임새와 방법을 익힐 수 있어요.

함께 만들어봐요~

1

아이에게 무엇을 만들 건지
이야기해요.

2

어떤 재료를 사용할 건지
물어보아요.

3

다양한 재료로
자유롭게 꾸미도록 해요.

4

중간중간 무엇을 표현하는지
물어보세요.

5

완성된 작품에
제목을 짓고 소개해보아요.

여러 가지 재료를 사용해서
작품을 만들었어요!
무엇을 그렸는지 맞혀보세요~

\ HAPPY♡ /

이렇게 대화해보세요~

- 여기 있는 재료로 무엇을 만들면 좋을까?
- 지금 무엇을 만들고 있어?
- 이건 무엇을 표현한 거야?
- 우와~ 이렇게 멋진 작품이 만들어질 줄은 상상도 못 했네!
- 이 작품의 제목을 정해볼까?
- 이건 어디에 전시를 해두면 좋을까?

이것만 주의하세요!

엄마 눈에는 보잘것없어 보일지라도 아이와 같은 마음으로 함께 느끼고 즐거워 해주세요. 아이의 행동 하나하나를 잘 관찰하면서 반응을 해줘야 아이의 자신감이 자라요.

창의력이 자라는 팁

재료를 마음껏 활용할 수 있게 해주세요. 모든 작품에 '제목'을 만들어보자고 이야기 해보아요. 제목은 작품의 정체성을 나타내요. 아이의 생각이 그대로 묻어나지요.

56

양말 걱정인형 만들기

낡았거나, 짝이 안 맞거나, 크기가 안 맞는 양말은 고민이나 걱정을 말할 수 있는 걱정인형으로 만들기 딱 좋습니다. 지금 당장 나만의 양말 걱정인형을 만들어보아요~

♥ 준비물 ♥
양말, 매직, 스티커, 꾸밈도구

놀이 효과 친밀감 ★★★ 표현력 ★★★

걱정인형 놀이를 통해 아이가 자신의 걱정이나 불안, 스트레스를 스스로 인지하고 말할 수 있어요. 미처 몰랐던 아이의 속마음을 알게 되고, 같이 해결 방법을 찾아봄으로써 친밀감이 상승해요.

함께 만들어봐요~

1

요즘 어떤 걱정이 있는지
먼저 종이에 적어요.

2

양말 안에 다른 양말을
여러 개 넣어서 통통하게 만들어요.

3

머리와 몸통을 구분할 수 있게 중간쯤에
리본이나 끈으로 묶고, 얼굴을 꾸며요.

4

걱정을 적은 종이를
인형 안에 넣어요.

내 고민을 걱정인형이
모두 가져갔어요!

5

걱정인형에게 책을 읽어주거나
역할놀이를 하면서 놀아요.

이렇게 대화해보세요~

- 오늘은 걱정인형을 만들어볼 거야.
- 걱정인형에게 고민을 말하면 다 해결해준대~
- 요즘 어떤 고민이 있어?
- 걱정인형은 비밀을 잘 지키기 때문에 마음 놓고 말해도 돼~
- 걱정인형아, 내 걱정을 가져가 주어서 고마워.
- 엄마는 요즘 ○○(이)가 아이스크림을 많이 먹어서 걱정이야.
  적당히 먹고 아프지 않으면 좋겠다.

이것만 주의하세요!

아이의 고민을 알게 되면 대수롭게 여기거나, 해결방법을 가르치려 하지 마시고, 가만히 듣고 공감해주세요. “그럼 이렇게 해야지!” 하면서 꾸짖으면 앞으로 아이가 고민을 털어놓기 힘들어질 수 있어요.

창의력이 샘솟는 팁

인형을 만드는 방법은 여러 가지가 있어요. 색깔, 크기, 무늬에 따라 다양한 모양의 인형이 완성돼요. 꼭 양말이 아니어도 다른 재료가 있다면 얼마든지 활용해도 좋아요. 주변을 둘러보고 적절한 재료가 있으면 같이 이용해서 만들어요.

57
나만의 마스크 꾸미기

집에 있는 마스크에 아이가 원하는 그림과 무늬를 그려 마스크를 꾸며보아요. 완성된 마스크를 쓰고, 사진도 찍어요. 요즘 같을 때 필수품인 마스크를 꺼리지 않게 하는 계기가 될 수 있어요.

♥ 준비물 ♥
마스크, 꾸밈도구

놀이 효과 친밀감 ★★☆ 표현력 ★★★

하얀 마스크를 알록달록하게 꾸미면서 아이의 개성을 드러내는 기회가 됩니다. 다시 한번 마스크의 기능과 역할에 대해서 생각해볼 수 있어요. 또한 생각하고 꾸미고 말하면서 표현력이 길러져요.

함께 만들어봐요~

1

마스크의 크기와 모양, 줄이 몇 개가 있는지
등을 살펴보며 이야기를 나누어요.

2

마스크를 예쁘게 꾸며요.

3

완성된 마스크를 누구에게
주고 싶은지 쪽지를 써요.

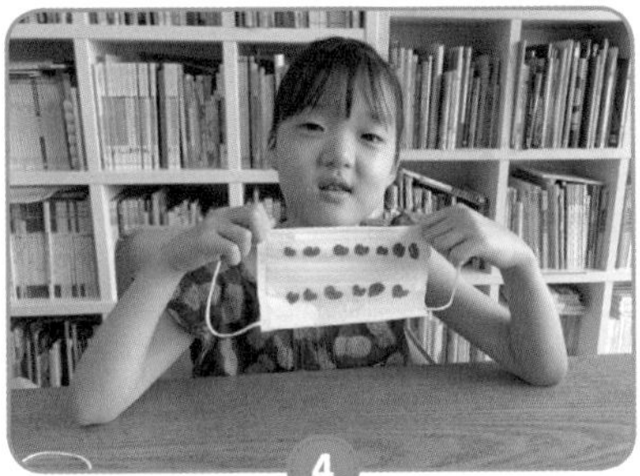

4

완성된 마스크를 직접 써보고,
사진도 찍어요.

5

마스크를 여러 개 만들어
비교해보아요.

세상에 단 하나뿐인
나만의 마스크로 건강을 지켜요 :)

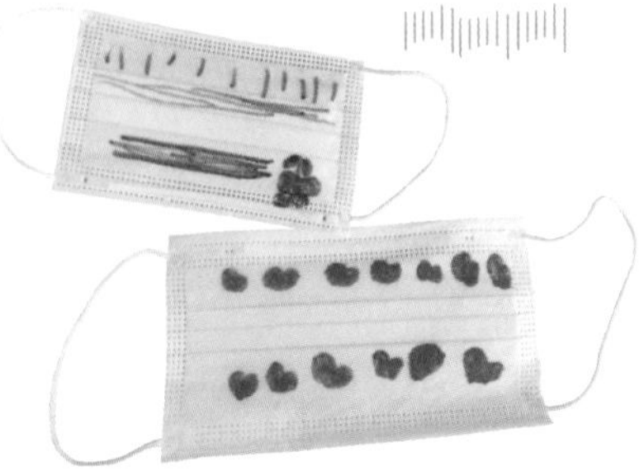

이렇게 대화해보세요~

- 마스크에 어떤 그림이 그려져 있으면 좋겠어?
- 세상에 하나밖에 없는 나만의 마스크가 완성되었네!
- 이 마스크를 누구에게 주고 싶은지 써보자.
- 엄마 것도 하나 만들어줄래?
- 마스크는 언제 쓰는 거지?
- 마스크는 감기를 예방할 때, 미세먼지와 코로나 바이러스로부터 방어할 때, 혹은 추울 때 쓰는 거야~

이것만 주의하세요!

아이가 만든 마스크는 바로 버리지 말고, 하루 정도는 잘 보이는 곳에 놓아주세요. 그리고 청소할 때나 쓰레기를 버리러 나갈 때 잠깐 써보도록 해주세요. 아이는 놀이가 끝난 후에 드러나는 엄마의 적극적인 태도를 보면서 다음 놀이를 기대하게 됩니다.

표현력이 자라는 팁

스케치북에 마스크 모양을 여러 개 그려놓고, 다양한 모양이나 무늬를 그려보게 해요. 아이가 표현한 다양한 디자인의 마스크를 보면서 나눌 이야기가 생길 거예요. 아이가 놀이에 흥미를 보이지 않을 수도 있어요. 그럴 때는 마스크를 눈 위에 쓰고 술래잡기 게임을 한다든가, 마스크를 쓰고 말하지 않고 몸으로 표현하는 게임을 해보세요. 어떻게든 표현하고 넘어가야 놀이가 즐거운 기억으로 남아요. 신체 놀이를 먼저 하고, 마스크 꾸미기 놀이를 하는 식으로 순서를 바꾸어도 좋아요.

58

빛나는 이름표 만들기

아이가 자는 곳 주변에 야광별이 빛나는 이름표를 만들어 붙여보아요. 자기 싫어하는 아이일지라도 야광별이 빛나는 모습을 보기 위해 일찍 잠자리에 들 거예요.

♥ 준비물 ♥
야광별 스티커, 색상지, 꾸밈도구

놀이 효과 소통능력 ★★☆ 근력 ★★★

스티커를 떼었다 붙이는 작업은 눈과 손이 협응하여 좋은 자극을 주어요. 야광별 스티커 하나로 밤을 무서워하거나 잠자기 싫어하는 마음을 달래줄 수 있어요. 나만의 이름표, 나만의 공간이 있다는 것에 소속감을 느낄 수 있어 정서발달에도 도움이 됩니다.

함께 만들어봐요~

1

종이 가운데에 자신의 이름을 써요.

2

이름 주변을
야광별 스티커로 꾸며주세요.

3

침대 머리맡이나 벽에
야광별 이름표를 붙여요.

4

자기 전에 함께 이름표를 보며
이야기를 나누어요.

깜깜한 밤이 되면
반짝반짝 빛나는 야광별에게
좋은 꿈꾸게 해달라고
기도해요 :)

이렇게 대화해보세요~

- 오늘은 몇 시에 잘지 정해볼까?
- 불을 끄니까 별들이 반짝반짝 빛이 난다!
- 이제 잠자러 갈 시간이야. 별이 얼마나 빛나고 있는지 한번 보러 갈까?
- 별이 몇 개가 반짝이고 있어?
- 같이 〈반짝반짝 작은 별〉 노래를 불러볼까?
- 꿈을 꾼다면, 어떤 꿈을 꾸고 싶어?
- 별들에게 인사하자. 잘 자요, 별님. 내일 만나요~

이것만 주의하세요!

놀이할 때는 아이의 잠자리 습관에 대해 잔소리하지 마세요! 잠자는 시간이 행복한 시간이 될 수 있도록 따스함이 느껴지는 대화로 하루를 마무리해요. 그럼 아이는 꿈속에서도 행복할 테니까요.

창의력을 키우는 팁

이름표는 크기, 모양, 디자인에 따라 느낌이 달라져요. 가족이 함께 만들면서 서로의 작품을 보여주며 이야기해도 좋아요. 야광별 스티커로 이름을 따라 붙이는 방법도 있어요.

59

달력으로 문장 만들기

안 쓰는 달력을 삼등분으로 잘라 퍼즐처럼 나눠질 수 있게 만들어요. 장별로 주어, 꾸밈말, 서술어를 구분해서 쓰면 달력을 넘길 때마다 표현이 달라지게 만들 수 있어요.

♥ 준비물 ♥
달력, 색상지, 풀, 매직, 가위

놀이 효과 어휘력 ★★☆ 표현력 ★★★

놀이를 통해 문장의 구조를 알 수 있어요. 글자에 따라 문장이 어떻게 달라지는지 직접 조합하면서 깨달을 수 있거든요. 직접 단어를 선택하고 필요한 단어를 새로 쓰면서 자연스럽게 문장력이 길러집니다. 반복해서 놀면서 단어를 쉽게 익혀보아요.

함께 만들어봐요~

1

놀이 전에 달력을 관찰하며
퀴즈 놀이를 해요.

2

장마다 색상지를 붙이고
삼등분으로 나눠 오려주세요.

3

주어, 꾸밈말, 서술어를
매직으로 적어주세요.

4

엄마가 연필로 연하게 쓰고,
아이가 굵은 펜으로 따라 써도 좋아요.

5

달력을 넘기며
여러 문장을 만들어보아요.

\ ENJOY!! /

버리는 달력으로
문장을 만들면서
언어능력을 길러요!

이렇게 대화해보세요~

- 달력에는 우리 가족의 생일이 숨어 있어. 어디어디에 있을까?
- 엄마가 말하는 숫자가 어디에 있는지 찾아볼까?
- 엄마가 말하는 요일이 어디에 있는지 맞춰볼까?
- ○○(이)의 생일은 ○월 ○일이지? 한번 찾아볼까?
- 달력을 하나씩 넘기면서 문장을 만들어보자!
- 만들어진 문장을 같이 읽어볼까?
- 마음대로 넘겨서 문장을 하나 만들어보자!
- 엄청 재밌는 문장이 되었네!

이것만 주의하세요!

아이가 글자를 잘 모르면, 엄마가 연필로 쓰고 아이가 그 위에 매직으로 따라 쓸 수 있도록 해요. 엄마가 먼저 매직으로 다 적어버리면 아이가 금방 흥미를 잃어요. 글자를 틀리게 쓰더라도 다른 종이에 따로 적어서 알려주세요. 아이의 글씨 위에 덧대어 써버리면 아이는 무언가를 할 때마다 틀리기 싫어서 주춤하게 돼요.

기억력이 자라는 팁

달력에 쓰여 있는 글자에 맞게 그림을 그려보아요. 아이는 글자와 그림을 함께 인식하면 오랫동안 기억하기가 쉬워요. 아이들은 대부분 스티커를 좋아하기 때문에 평소에 다양한 스티커를 모아두면 아이가 필요할 때에 부담 없이 마음껏 활용할 수 있어요.

60

단어 자판기 만들기

커피 상자 혹은 직사각형 상자를 이용해서 단어 자판기를 만들 수 있어요. 자판기를 만드는 과정은 어려울 수 있으니 엄마가 만들고, 아이는 상자 겉면을 즐겁게 꾸며보아요. 단어카드를 머리에 넣으면 입으로 쑥~ 나오는 재밌는 자판기를 만들어볼까요?

놀이 효과 집중력 ★★☆ 어휘력 ★★★

단어카드를 머리에 넣으면 입으로 나오는 과정이 즐거워서 아이가 단어를 재밌게 익힐 수 있어요. 어떤 카드가 나올지 기대하면서 집중력도 키울 수 있고요. 단어카드를 직접 소리 내어 읽으면서 어휘력도 상승한답니다.

함께 만들어봐요~

1

상자의 상단과 하단에 단어카드를 넣을
입구와 출구를 만들어요.

2

단어카드가 입구에서 출구로 잘 내려올 수
있게 두꺼운 종이를 대각선으로 고정해요.

3

색종이와 꾸밈도구를 이용하여
상자를 꾸며요.

4

자판기에 단어카드를 넣고,
어떤 카드가 나왔는지 소리 내서 읽어요.

5

칫솔로 자판기의 이빨을
닦아주어요.

이렇게 대화해보세요~

- 머리에 단어카드를 넣으면 입으로 쏙~ 나오는 단어 자판기야.
- 어떤 단어를 넣어볼까?
- 한 번에 세 개를 넣었더니 세 개가 동시에 나오네!
- 이번엔 엄마가 넣어볼 테니까 밑에서 받아봐~
- 어떤 단어인지 읽어줄 수 있어?
- 만들고 싶은 문장을 생각해서 단어카드를 넣어보자!

이것만 주의하세요!

너무 두꺼운 상자는 칼집을 내어 오릴 때 힘이 많이 드니 적절하게 두꺼운 상자를 이용하면 좋아요. 믹스커피 상자 정도가 가장 좋습니다. 칼질은 위험하니 엄마가 해주셔야 해요.

창의력이 자라는 팁

그림, 한글, 영어, 숫자 등 집에 있는 다양한 카드를 이용하면 좋아요. 특히 아이가 직접 만든 카드를 사용하면 더 좋고요. 얇은 종이보다는 스케치북처럼 빳빳한 종이를 이용해서 만들어보세요.

오늘의 놀이 쿠폰

오늘 하고 싶은 놀이를 선택해서 예쁘게 오려 엄마 아빠에게 제출해보아요.
사용한 놀이 쿠폰은 한곳에 보관해두었다가 또 놀고 싶을 때 사용해요!

글자나무 꾸미기 (162쪽)	뽁뽁이 빙수 만들기 (165쪽)	코팅지 스티커 만들기 (168쪽)
물에 종이배 띄우기 (171쪽)	로션으로 글자 쓰기 (174쪽)	끝말잇기 단어카드 (177쪽)
우리 동네 꾸미기 (180쪽)	라이스페이퍼 스티커 (183쪽)	나만의 그림책 만들기 (186쪽)
자유롭게 표현하기 (189쪽)	양말 걱정인형 만들기 (192쪽)	나만의 마스크 꾸미기 (195쪽)
빛나는 이름표 만들기 (198쪽)	달력으로 문장 만들기 (201쪽)	단어 자판기 만들기 (204쪽)

하루 10분 엄마표 한글 놀이

초판 1쇄 2020년 12월 24일

지은이 강근영

발행인 유철상
기획 정예슬
편집 정예슬, 박다정, 정유진
디자인 주인지, 조연경, 최윤정
마케팅 조종삼, 윤소담

펴낸곳 상상출판
출판등록 2009년 9월 22일(제305-2010-02호)
주소 서울특별시 동대문구 왕산로28길 39, 1층(용두동, 상상출판 빌딩)
전화 02-963-9891
팩스 02-963-9892
전자우편 sangsang9892@gmail.com
홈페이지 www.esangsang.co.kr
블로그 blog.naver.com/sangsang_pub
인쇄 다라니
종이 ㈜월드페이퍼

ISBN 979-11-90938-17-4 (13590)

※ 이 도서의 국립중앙도서관 출판예정도서목록(CIP)은 서지정보유통지원시스템 홈페이지
(http://seoji.nl.go.kr)와 국가자료공동목록시스템(http://www.nl.go.kr/kolisnet)에서
이용하실 수 있습니다. (CIP제어번호 : CIP2020051522)